现代电工电子技术与应用实践

王 洪 张锐丽／著

吉林科学技术出版社

图书在版编目（CIP）数据

现代电工电子技术与应用实践 / 王洪，张锐丽著
. -- 长春 : 吉林科学技术出版社，2022.9
ISBN 978-7-5578-9748-2

Ⅰ. ①现… Ⅱ. ①王… ②张… Ⅲ. ①电工技术－高等学校－教材②电子技术－高等学校－教材 Ⅳ. ① TM
② TN

中国版本图书馆 CIP 数据核字 (2022) 第 179470 号

现代电工电子技术与应用实践

著　　王　洪　张锐丽
出 版 人　宛　霞
责任编辑　乌　兰
封面设计　乐　乐
制　　版　乐　乐
幅面尺寸　145mm × 210mm　1/32
字　　数　100 千字
页　　数　204
印　　张　6.375
印　　数　1–200 册
版　　次　2023 年 5 月第 1 版
印　　次　2023 年 5 月第 1 次印刷

出　　版　吉林科学技术出版社
发　　行　吉林科学技术出版社
地　　址　长春市净月区福祉大路 5788 号
邮　　编　130118
发行部电话 / 传真　0431–81629529　81629530　81629531
81629532　81629533　81629534
储运部电话　0431–86059116
编辑部电话　0431–81629518
印　　刷　长春市昌信电脑图文制作有限公司

书　　号　ISBN 978-7-5578-9748-2
定　　价　48.00 元

前　言

电工电子技术是信息化的基础，对于推动信息化的发展以及促进国家经济的强盛都发挥着至关重要的作用，在很大程度上提升着社会各领域的工作效率。在这样的时代背景下，各个国家都将对电工电子技术的运用放在了重要位置，以期推动本国整体经济实力与科技实力的进步。

电工电子技术作为一门新兴科学，伴随着科学技术的产生而不断发展壮大，而对于这项技术的概念理解，在不同的发展阶段也有着较大差异。例如，在电工电子技术兴起初期，人们普遍认为电工电子技术就是利用某些电力设施，促使机械设备自动作业，进而提高工作效率。到了电工电子技术发展中期，随着计算机技术不断成熟，加之半导体的问世，极大地推动了电工电子技术的发展，而伴随着数字信号处理技术的出现，则使得电工电子技术获得了较大的腾飞。到了当今的信息化时代，人们对电工电子技术的认识和研究逐渐深入并细化，硬件和软件两部分共同组成了电工电子技术，以半导体为主的设施设备即为硬件，而各类设施设备在运行过程中执行的程序即为软件，硬件与软件的相互协调配合，使得电工电子技术大大提高了各领域的工作效率。

电工电子技术的发展是以传统电工技术作为基础的，是在计算机技术发展和普及的背景下产生的，有效地结合了电工技术和电子技术，其涵盖的领域很广，比如电子技术、电气工程、电力生产和电气制造等方面，是一项综合性很强的新型技术。电工电子技术的突出特点是高度集成化、高频化、全控性强、效率高。电工电子技术能够优化电能，有效整合电力资源，提高电力资源的利用效率。机械和电子可以以电工电子技术作为依托，方便实现一体化，在计算机技术快速发展的背景下，电工电子技术对计算机技术形成了依赖，计算机系统安全、稳定以及快捷的特点，促进了机电一体化的实现。

提高工作效率，是电工电子技术最重要也是最显著的特点，许多生产企业意识到这一特点的重要性，纷纷利用电工电子技术进行生产线的改造，以期在更短的时间内创造更大的经济效益。但在实际运用过程中常常会存在一些问题，制约着该技术的运行。在电工电子技术的运用中，选择最科学、最适宜的设备型号和电子芯片，成为一项重要内容。

鉴于此，笔者撰写了《现代电工电子技术与应用实践》一书。本书共有八章。第一章阐述了电工基础，第二章阐述了室内供配电与照明，第三章论述了电子基本技能，第四章论述了电子元件，第五章论述了印刷电路技术，第六章探究了电子产品的组装与调试工艺，第七章阐述了传感器，第八章探究了三相交流异步电动机。

笔者在撰写本书的过程中，借鉴了许多专家和学者的研究成果，在此表示衷心感谢。本书所研究的课题涉及内容十分宽泛，尽管笔者在写作过程中力求完美，但仍难免存在疏漏，恳请各位专家批评指正。

目　　录

第一章　电工基础

第一节　电 能

一、电能的产生

电能是大自然能量循环中的一种转换形式。

能源是自然界赋予人类生存和社会发展的重要物质资源，自然界固有的原始能源称为一次能源，分为可再生能源和不可再生能源两类。一次能源包括煤炭、石油、天然气以及太阳能、风能、水能、地热能、海洋能、生物能等。其中太阳能、风能、水能、地热能、海洋能、生物能等在自然界中能不断得到补充，或者可以在较短周期内再产生出来，属于可再生能源；煤炭、石油、天然气、核能等能源的形成要经过亿万年，在短期内无法恢复再生，属于不可再生能源。

电能是一种二次能源，主要是由不可再生的一次能源转化或加工而来。其主要的转化途径是化石能源的燃烧，即将化学能转化为热能。加热水使其汽化成蒸汽并推动汽轮机运行，从而将热能转化为机械能，最后由汽轮机带动发电机利用电磁感应原理将机械能转化为电能。

电能因具有清洁安全、输送快速高效、分配便捷、控制精确等一系列优点，成为迄今为止人类文明史上最优质的能源。它不仅易于实现与其他能量（如机械能、热能、光能等）的相互转换，而且容易控制与变换，便于大规模生产、远距离输送和分配，同时还是信息的载体，在人类现代生产、生活和科研活动中发挥着不可替代的作用。

二、电能的特点

与其他能源相比，电能具有以下特点：

（1）电能的产生和利用比较方便。电能可以采用大规模的工业生产方法集中获得。目前，把其他能源转换为电能的技术相对成熟。

（2）电能可以远距离传输，且损耗较低，在输送方面具有实时、方便、高效等特点。

（3）电能能够很方便地转化为其他能量，能够用于各种信号的发生、传递和信息处理，实现自动控制。

（4）电能本身的产生、传输和利用的过程已能实现精确可靠的自动化信息控制。电力系统各环节的自动化程度也相对较高。

三、电能的应用

电能的应用非常广泛，在工业、农业、交通运输、国防建设、科学研究及日常生活中的各个方面都有所应用。电能的生产和使用规模已成为社会经济发展的重要标志。电能的主要应用领域包括：

（1）电能转换成机械能，作为机械设备运转的动力来源。

（2）电能转换为光和热，如电气照明。

（3）化工、轻工业行业中的电化学产业如电焊、电镀等在生产过程中要消耗大量的电能。

（4）家用电器的普及，办公设备的电气化、信息化等，使各种电子产品进入生活，信息化产业的高速发展也使用电量急剧增加①。

第二节　常用电工材料

一、导电材料

导电材料主要是金属材料，又称导电金属。用作导电材料的金属除应具有高导电性外，还应具有较高的机械强度、抗氧化性、抗腐蚀性，且容易加工和焊接。

（一）导电材料的特性

1. 电阻特性

在外电场的作用下，由于金属中的自由电子做定向运动时，不断地与晶格结点上做热振动的正离子相碰撞，使电子运动受到阻碍，因此金属具有一定的电阻。金属的电阻特性通常用电阻率ρ来表示。

2. 电子逸出功

金属中的电子脱离其本体变成自由电子所必须获得的能量称为电子逸出功，其单位为电子伏特，用 eV 表示。不同的金属，其电子逸出功不同。

3. 接触电位差

接触电位差是指在两种不同的金属或合金接触时，两者之间所产生的电位差。

---

① 曾贵荣．电力系统中电子电工技术的应用 [J]. 电子世界，2021（12）：206–207.

4. 温差电势

两种不同的金属接触，当两个触点间有一定的温度差时，则会产生温差电势。根据温差电势现象，选用温差电势大的金属，可以组成热电偶用来测量温度和高频电流。此外，温度升高，会使金属的电阻增大；合金元素和杂质也会使金属的电阻增大；机械加工也会使金属的电阻增大；电流频率升高，金属产生趋肤效应，导体的电阻也会增大。

（二）导电材料的分类

导电材料按用途，一般可分为高电导材料、高电阻材料和导线材料。

1. 高电导材料

高电导材料是指某些具有低电阻率的导电金属。常见金属的导电能力大小按顺序排列为银、铜、金、铝。由于金银价格高，因此仅在特殊场合使用。电子工业中常用的高电导材料为铜、铝及它们的合金。

（1）铜及其合金

纯铜（Cu）呈紫红色，故又称紫铜。它具有良好的导电性和导热性，不易氧化且耐腐蚀，机械强度较高，延展性和可塑性好，易于机械加工，便于焊接等优点。铜在室温、干燥的条件下，并不会氧化。在潮湿的空气中，铜会产生铜绿。在腐蚀气体中会受到腐蚀。但纯铜的硬度不够高，耐磨性不好。对于某些具有特殊用途的导电材料，需要在铜的成分中适当加入其他元素构成铜合金。

黄铜是加入锌元素的铜合金，具有良好的机械性能和压力加工性能，其导电性能较差，抗拉强度大，常用于制作焊片、螺钉、接线柱等。

青铜是除黄铜、白铜（镍铜合金）外的铜合金的总称。常用的青铜有锡磷青铜、铍青铜等。锡磷青铜常用作弹性材料。其缺点是导电能力差、脆性大。青铜有特别高的机械强度、硬度和良好的耐磨、耐蚀、耐疲劳性，并有较好的导电和导热性，稳定性好，弹性极限高，可用于制作导电的弹性零件。

（2）铝及其合金

铝是一种白色的轻金属，具有良好的导电性和导热性，易进行机械加工，其导电能力仅次于铜，但体积质量小于铜。铝的化学性质活泼，在常温下的空气中，其表面很快氧化生成一层极薄的氧化膜，这层氧化膜能阻止铝的进一步氧化，起到一定的保护作用。其缺点是熔点很高、不易还原、不易焊接，并且机械强度低。一般在纯铝中加入硅、镁等杂质构成铝合金以提高其机械强度。

铝硅合金又称硅铝明，它的机械强度比铝高，流动性好，收缩率小，耐腐蚀，易焊接，可代替细金丝用于连接线。

（3）金及其合金

金具有良好的导电、导热性，不易被氧化，但价格高，主要用作连接点的电镀材料。金的硬度较低，常用的是加入各种硬化元素的金基合金。其合金具有良好的抗有机污染的能力，硬度和耐磨性均高于纯金，常用在要求较高的电接触元件中做弱电流、小功率接点，如各种继电器、波段开关等。

（4）银及其合金

银的导电性和导热性很好，易于加工成形，其氧化膜也能导电，并能抵抗有机物污染。与其他贵重金属相比，银的价格比较便宜。但其耐磨性差，容易硫化，其硫化物不易导电，难以清除。常采用银铜、银镁镍等合金。

银合金比银具有更好的机械性能，银铅锌、银铜的导电性能与银相近，且强度、硬度和抗硫化性均有所提高。

2. 高电阻材料

高电阻材料是指某些具有高电阻率的导电金属。常用的高电阻材料大都是铜、镍、铬、铁等合金。

(1) 锰铜

锰铜是铜、镍、锰的合金，具有特殊的褐红色光泽，电阻率低，主要用于电桥、电位差计、标准电阻及分流器、分压器。

(2) 康铜

康铜是铜、镍合金，其机械强度高，抗氧化和耐腐蚀性好，工作温度较高。康铜丝在空气中加热氧化，能在其表面形成一层附着力很强的氧化膜绝缘层。康铜主要用于电流、电压的调节装置。

(3) 镍铬合金

镍铬合金是一种电阻系数大的合金，具有良好的耐高温性能，常用来制造线绕电阻器、电阻式加热器及电炉丝。

(4) 铁铬铝合金

铁铬铝合金是以铁为主要成分的合金，并加入少量的铬和铝来提高材料的电阻系数和耐热性。其脆性较大，不易拉成细丝，但价格便宜，常制成带状或直径较大的电阻丝。

3. 导线材料

在电子工业中，常用的连接导线有电线和电缆两大类，它们又可分为裸导线、电磁线、绝缘电线电缆、通信电缆等。

(1) 裸导线

裸导线是没有绝缘层的电线，常用的有单股或多股铜线、镀锡铜线、电阻合金线等。

裸导线又可以分为圆单线、型线、软接线和裸绞线。①圆单线：如单股裸铝、单股裸铜等，用作电机绕组等；②型线：如电车架空线、裸铜排、裸铝排、扁钢等，用作母线、接地线；③软接线：如铜电刷线、铜绞线等，用作连接线、引出线、接地线；④裸绞线：用于架空线路中的输电导线。

(2) 电磁线

电磁线（绕组线）是指用于电动机电器及电工仪表中，作为绕组或元件的绝缘导线，一般涂漆或包缠纤维绝缘层。电磁线主要用于铸电机、变压器、电感器件及电子仪表的绕组等。电磁线的导电线芯有圆线和扁线两种，目前大多采用铜线，很少采用铝线。由于导线外面有绝缘材料，因此电磁线有不同的耐热等级。

(3) 绝缘电线电缆

绝缘电线电缆一般由导电的线芯、绝缘层和保护层组成。线芯有单芯、二芯、三芯和多芯。绝缘层用于防止放电或漏电，一般使用橡皮、塑料、油纸等材料。保护层用于保护绝缘层，可分为金属保护层和非金属保护层。

屏蔽电缆是在塑胶绝缘电线的基础上，外加导电的金属屏蔽层和外护套而制成的信号连接线。屏蔽电缆具有静电屏蔽、电磁屏蔽和磁屏蔽的作用，它能防止或减少线外信号与线内信号之间的相互干扰。屏蔽线主要用于 1 MHz 以下频率的信号连接。

绝缘电线电缆是用于电力、通信及相关传输用途的材料。在导体外挤（绕）包绝缘层，如架空绝缘电缆或几芯绞合（对应电力系统的相线、零线和地线），如二芯以上架空绝缘电缆，或再增加护套层，如塑料 / 橡套电线电缆。主要用在发电、配电、输电、变电、供电线路中的强电电能传输，其通过的电流大（几十 A 至几千 A)、电压高 (220 V ~ 500 kV 及以上)。

塑胶绝缘电线是在裸导线的基础上外加塑胶绝缘的电线。通常将芯数少、直径小、结构简单的产品称为电线，没有绝缘的称为裸电线，其他的称为电缆；导体截面积大于 6 mm^2 的称为大电线，小于或等于 6 mm^2 的称为小电线。塑胶绝缘电线广泛用于电子产品的各部分、各组件之间的各种连接。

电源软导线的主要作用是连接电源插座与电气设备。选用电源线时，除导线的耐压数值要符合安全要求外，还应根据产品的功耗，适当选择不同线径的导线。

(4) 通信电缆

通信电缆是指用于近距离的音频通信和远距离的高频载波、数字通信及信号传输的电缆。根据通信电极的用途和使用范围，可将其分为市内通信电缆、长途对称电缆、同轴电缆、海底电缆、光纤电缆、射频电缆。①市内通信电缆：包括纸绝缘市内话缆、聚烯烃绝缘聚烯烃护套市内话缆；②长途对称电缆：包括纸绝缘高低频长途对称电缆、铜芯泡沫聚乙烯高低频长途对称电缆以及数字传输长途对称电缆；③同轴电缆：包括小同轴电缆、中同轴和微小同轴电缆；④海底电缆：包括对称海底电缆和同轴海底电缆；⑤光纤电缆：包括传统的电缆型电缆、带状列阵型电缆和骨架型电缆；⑥射频电缆：包括对称射频电缆和同轴射频电缆。

(三) 常用线材的使用条件

1. 电路条件

(1) 允许电流

允许电流是指常温下工作的电流值，导线在电路中工作时的电流要小于允许电流。导线的允许电流应大于电路总的最大电流，且应留有余地，以保证导线在高温下能正常使用。

(2) 导线的电阻电压降

当有电流流经导线时，由于导线电阻的作用，会在导线上产生压降。导线的直径越大，其电阻越小，压降越小。当导线很长时，要考虑导线电阻对电压的影响。

(3) 额定电压和绝缘性

由于导线的绝缘层在高压下会被击穿，因此，导线的工作电压应远小于击穿电压（一般取击穿电压的1/3）。使用时，电路的最大电压应低于额定电压，以保证绝缘性能和使用安全。

(4) 使用频率及高频特性

由于导线的趋肤效应、绝缘材料的介质损耗，使得在高频情况下导线的性能变差，因此，高频时可用镀银线、裸粗铜线或空心铜管。对不同的频率应选用不同的线材，要考虑高频信号的趋肤效应。

(5) 特性阻抗

不同的导线具有不同的特性阻抗，二者不匹配时会引起高频信号的反射。在射频电路中还应考虑导线的特性阻抗，以保证电路的阻抗匹配及防止信号的反射。

(6) 信号电平与屏蔽

当信号较小时，会引起信噪比的降低，导致信号的质量下降，此时应选用屏蔽线以降低噪声的干扰。

2. 环境条件

(1) 温度

由于环境温度的影响，导线的绝缘层会变软或变硬，以致其变形、开裂，从而造成短路。

(2) 湿度

环境潮湿会使导线的芯线氧化，绝缘层老化。

(3) 气候

恶劣的气候会加速导线的老化。

(4) 化学药品

许多化学药品都会造成导线腐蚀和氧化。

因此，选用的线材应能适应环境的温度、湿度及气候的要求。一般情况下，导线不要与化学药品及日光直接接触。

3. 机械强度

选择的线材应具备良好的拉伸强度、耐磨损性和柔软性，质量要轻，以适应环境的机械振动等条件。

二、绝缘材料

绝缘材料又称电介质，是指具有高电阻率且电流难以通过的材料。通常情况下，可认为绝缘材料是不导电的。

(一) 绝缘材料的作用

绝缘材料的作用就是将电气设备中电势不同的带电部分隔离开来。绝缘材料首先应具有较高的绝缘电阻和耐压强度，能避免发生漏电、击穿等事故。其次是其耐热性能要好，能避免因长期过热而老化变质。此外，还应具有良好的导热性、耐潮防雷性和较高的机械强度以及加工工艺方便等特点。根据上述要求，常用绝缘材料的性能指标有缘强度（kV/mm）、抗张强度、体积质量、膨胀系数等。

(二) 绝缘材料的分类

1. 绝缘材料按化学性质分类

绝缘材料按化学性质可分为无机绝缘材料、有机绝缘材料和复合绝缘材料。

(1) 无机绝缘材料

无机绝缘材料有云母、石棉、大理石、瓷器、玻璃、硫磺等。主要用作电动机、电器的绕组绝缘、开关的底板和绝缘子等。无机绝缘材料的耐热性好、不易燃烧、不易老化，适合制造稳定性要求高而机械性能坚实的零件，但其柔韧性和弹性较差。

(2) 有机绝缘材料

有机绝缘材料有虫胶、树脂、橡胶、棉纱、纸、麻、人造丝等，大多用来制造绝缘漆、绕组导线的被覆绝缘物等。其特点是轻、柔软、易加工，但耐热性不好、化学稳定性差、易老化。

(3) 复合绝缘材料

复合绝缘材料是由以上两种材料加工制成的各种成形绝缘材料，制作成电器的底座、外壳等。

2. 绝缘材料按形态分类

绝缘材料按形态可分为气体绝缘材料、液体绝缘材料和固体绝缘材料。

(1) 气体绝缘材料

气体绝缘材料就是用于隔绝不同电位导电体的气体。在一些设备中，气体作为主绝缘材料，其他固体电介质只能起支撑的作用，如输电线路、变压器相间绝缘均以气体作为绝缘材料。

气体绝缘材料的特点是在放电电压以下有很高的绝缘电阻，发生绝缘破坏时也容易自行恢复。气体绝缘材料具有很好的游离场强和击穿场强、化学性质稳定、不易因放电作用而分解。与液体和固体相比，其缺点是绝缘屈服值低。

常用的气体绝缘材料包括空气、氮气、二氧化碳、六氟化硫以及它们的混合气体。其广泛应用于架空线路、变压器、全封闭高压电器、高压套管、通信电缆、电力电缆、电容器、断路器以及静电电压发生器等设备中。

(2) 液体绝缘材料

液体电介质又称为绝缘油，在常温下为液态，用于填充固体材料内部或极间的空隙，以提高其介电性能，并改进设备的散热能力，在电气设备中起绝缘、传热、浸渍及填充作用。如在电容器中，它能提高其介电性能，增大每单位体积的储能量；在开关中，它能起灭弧作用。

液体绝缘材料的特点是具有优良的电气性能，即击穿强度高、介质损耗较小、绝缘电阻率高、相对介电常数小。

常用的液体绝缘材料有变压器油、断路器油、电容器油等，主要用在变压器、断路器、电容器和电缆等油浸式的电气设备中。

(3) 固体绝缘材料

固体绝缘材料是用来隔绝不同电位导电体的固体。一般还要求固体绝缘材料兼具支撑作用。

固体绝缘材料的特点是：与气体绝缘材料、液体绝缘材料相比，由于其密度较高，因此其击穿强度也很高。

固体绝缘材料可以分成无机和有机两大类。无机固体绝缘材料主要有云母、粉云母及云母制品，玻璃、玻璃纤维及其制品，以及电瓷、氧化铝膜等。它们耐高温、不易老化，具有相当高的机械强度，其中某些材料如电瓷等，成本低，在实际应用中有一定的地位。其缺点是加工性能差，不易适应电工设备对绝缘材料的成形要求。有机固体材料主要有纸、棉布、绸、橡胶、可以固化的植物油、聚乙烯、聚苯乙烯、有机硅树脂等。

第二章　室内供配电与照明

第一节　室内供配电

利用电工和电子学的理论与技术，在建筑物内部人为创造并合理保持理想的环境，以充分发挥建筑物功能的一切电工设备、电子设备和系统，统称为建筑电气设备。从广义上讲，建筑电气包括工业用电和民用电，民用电又包括照明与动力系统、通信与自动控制两大部分，即生活中所说的“强电”与“弱电”。这里仅讨论民用电范畴之内的供配电与照明两个部分的内容和问题。

一、室内供配电的要求

室内供配电系统一般应满足可靠性要求、电能质量要求、发展要求，以及民用建筑低压配电系统等要求。

(一) 可靠性要求

供配电线路应尽可能地满足民用建筑所必需的供电可靠性要求。与企业供配电系统相同，室内供配电系统的负荷，根据可靠性的要求不同，也可分为三个等级：一级负荷、二级负荷和三级负荷。一级负荷为重要负荷，要求保证连续供电，因此应由两个独立电源供电；对于二级负荷，如果条件允许时，宜由两个电源供电；三级负荷无特殊供电要求。

（二）电能质量要求

衡量电能质量的指标一般为电压、频率和波形，电压质量对于动力和照明线路的合理设计有很大关系，必须考虑线路中的电压损失。GB 50052-1995《供配电系统规范》中给出了线路电压与输送距离的关系，一般380V架空线，供电半径不宜超过250 m。

（三）发展要求

低压配电线路应力求接线简单、便于维修、操作灵活且运行安全，必须能适应用电负荷的发展需要。由于生活水平的日益提高、居住面积增大，各种电器设备走进了平常百姓家，住宅用电负荷密度随之迅速增加。因此设计时应留有一定增长空间，适当考虑发展的需要。

（四）其他要求

室内供配电系统与企业供配电系统一样，都要满足供配电系统的基本要求：

（1）配电系统的电压等级一般不超过两级。

（2）单相用电设备应合理分配，力求使三相负荷平衡。

（3）尽可能节省有色金属，减少电能的损耗。

（4）降低运行费用。

二、室内供配电的方式

(一) 室内供配电技术的基本概念

(1) 供电

民用建筑物一般从室内高压 10 kV 或低压 380/220 V 取得电源，称为供电。某些情况下会采用双电源供电，一路作为主电源，另一路作为备用电源，以保证电能的供给。

(2) 配电

将电源电能分配到各个用电负荷称为配电。

(3) 供配电系统

采用各种元件 (如开关、保护器件) 及设备 (如低压配电箱) 将电源与负荷连接，便组成了民用建筑的供配电系统。

(4) 室内供配电系统

从建筑物的配电室或配电箱至各层分配电箱，或各层用户单元开关箱之间的供配电系统。

(二) 室内供电线路的分类

民用建筑中的用电设备基本可分为动力和照明两大类，与用电设备相对应的供电线路也可分为动力线路和照明线路两类。

(1) 动力线路

在民用建筑中，动力用电设备主要包括电梯、自动扶梯、冷库制冷设备、风机、水泵、医院动力设备和厨房动力设备等。动力设备绝大部分属于三相负荷，只有少部分容量较大的电热用电设备如空调机、干燥箱、电热炉等，它们虽是单相用电负荷，但也属于动力用电设备。对于动力负荷，一般采用三相制供电线路，对于较大容量的单相动力负荷，应当尽量平衡地接到三相线路上。

(2) 照明线路

在民用建筑中，照明用电设备主要包括供给工作照明、事故照明和生活照明的各种灯具。此外，还包括家用电器中的电视机、窗式空调机、电风扇、家用电冰箱、家用洗衣机以及日用电热电器，如电熨斗、电饭煲、电热水器等。它们的容量较小，虽不是照明器具，但都是由照明线路供电，所以统归为照明负荷。照明负荷基本上都是单相负荷，一般用单相交流 220 V 供电，当负荷电流超过 30 A 时，应当采用 220/380 V 三相供电线路。

(三) 室内配电系统的基本配电方式

室内低压配电方式就是将电源以何种形式进行分配。通常其配电方式分为放射式、树干式、混合式三类。

1. 放射式配电

放射式配电是单一负荷或集中负荷均由单独的配电线路供电的方式。其优点是各个负荷独立受电，因而故障范围一般仅限于本回路，检修过程中也仅需切断本回路，并不影响其他回路。其缺点是所需开关等电气元件数量较多，线路条数较多，因而建设费用随之上升；此外，系统在检修、安装时的灵活性也受到一定的限制。

放射式配电一般用于供电可靠性较高的场所或场合，即只有一个设备且设备容量较大的场所，或者是设备相对集中且容量大的地点。例如，电梯的容量虽然不大，但为了保证供电的可靠性，也应采用回路为单台电梯供电的放射式；再如大型消防泵、生活用水水泵、中央空调机组等，首先是其对供电可靠性要求很高，其次是其容量也相对较大，因此应重点考虑放射式供电。

2. 树干式配电

树干式配电是独立负荷还是集中负荷按它所处的位置依次连接到某一配电干线上的方式。树干式配电相对于放射式配电的建设成本更低，系统灵活性更好；其缺点是当干线发生故障时的影响范围大。

树干式配电一般用于设备比较均匀、容量有限、无特殊要求的场合。

3. 混合式配电

国内外高层建筑的总配电方案基本以放射式居多，而具体到楼层时基本采用混合式。混合式即放射式和树干式两种配电方式的组合。在高层住宅中，住户入户配电多采用一种自动开关组合而成的组合配电箱，对于一般照明和小容量电气插座采用树干式配电，而对于电热水器、空调等大容量家电设备，则宜采用放射式配电。

三、室内供配电常用低压电器

低压电器通常工作于交流 1200 V 之下与直流 1500 V 之下的电路当中，是对电能的生产、输送、分配和使用起到控制、调节、检测、转换及保护作用的器件。在室内低压配电系统和建筑物动力设备线路中，主要使用的器件有刀开关、熔断器、低压断路器、漏电断路器以及电能表等。

(一) 刀开关

刀开关也称闸刀开关，是作为隔离电源开关，用在不频繁的接通和分断电路的场合，是结构最简单、应用范围最广泛的一种手动电器。常用的刀开关主要有胶盖闸刀开关和铁壳闸刀开关。

1. 胶盖闸刀开关

胶盖闸刀开关又称为开启式负荷开关，广泛用作照明电路和小容量（≤ 5.5 kW）动力电路不频繁启动的控制开关。

胶盖闸刀开关具有结构简单、价格低廉以及安装、使用、维修方便的优点。选用时，主要根据电源种类、电压等级、所需极数、断流容量等进行选择。控制电动机时，其额定电流要大于电动机额定电流的 3 倍。

2. 铁壳闸刀开关

铁壳闸刀开关又称为封闭式负荷开关，可不频繁地接通和分断负荷电路，也可以用作 15 kW 以下电动机不频繁启动的控制开关。它的铸铁壳内装有由刀片和夹座组成的触点系统、熔断器和速断弹簧，30 A 以上的开关内还装有灭弧罩。

铁壳闸刀开关具有操作方便、使用安全、通断性能好的优点。可参照胶盖闸刀开关的选用原则进行选用。操作时，不得面对它拉闸或合闸，一般用左手掌握手柄。若需要更换熔丝，必须在分闸后进行操作。

3. 刀开关的电气符号及使用

在图纸上绘制电路图时刀开关的电气符号必须严格按照相应的图形符号和文字符号来表示，其文字符号为 QS。

在安装刀开关时，手柄要向上，不得倒装或平装，避免由于重力作用而发生自动下落，引起误动合闸。接线时，应将电源线接在上端，负载线接在下端，这样断开后，刀开关的触刀与电源隔离，既便于更换熔丝，又可防止发生意外事故。

(二) 熔断器

熔断器与保险丝的功能一致，是最简单的保护电器。当其熔体通过大于额定值很多的电流时，熔体过热发生熔断，从而实现对电路的保护作用。由于它结构简单、体积小、质量小、维护简单、价格低廉，所以在强电和弱电系统中都得到了广泛的应用，但因其保护特性所限，通常用作电路的短路保护，对电路的较大过载也可起到一定的保护作用。

熔断器按其结构可分为开启式、封闭式和半封闭式三类。开启式熔断器应用较少；封闭式熔断器又可分为有填料管式、无填料管式、有填料螺旋式三种；半封闭式中应用较多的是瓷插式熔断器。

1. 瓷插式熔断器

瓷插式熔断器由瓷盖、瓷座、触头和熔丝组成，熔体则根据通过电流的大小选择不同的材质。通过小电流的熔体为铅制，它的价格低廉、使用便利，但分断能力较弱，一般应用于电流较小的场合。

2. 管式熔断器

管式熔断器分为熔密式和熔填式两种，均由熔管、熔体和插座组成，均为密封管形。其灭弧性好、分断能力高。熔密式的熔管由绝缘纤维制成，无填料，熔管内部可以形成高气压熄灭电弧，且更换方便，它广泛应用于电力线路或配电线路中。熔填式熔断器由高频电瓷制成，管内充有石英砂填料，用以灭弧。当熔体熔断后必须更换新品，所以其经济性较差，主要用于巨大短路电流和靠近电源的装置中。

3. 螺旋式熔断器

螺旋式熔断器用于交流 380 V、电流 200 A 以内的线路和用电设备，起短路保护作用。

螺旋式熔断器主要由瓷帽、熔断管、瓷套、上接线端、下接线端和底座等组成。熔断管内除了装有熔丝外，还填有灭弧的石英砂。熔断管上盖的中心装有标红色的熔断指示器，当熔丝熔断时指示器脱出，从瓷帽上的玻璃窗口可检查熔丝是否完好。它具有体积小、结构紧凑、熔断快、分断能力强、熔丝更换方便、使用安全可靠、熔丝熔断后能自动指示等优点，在机床电路中广泛使用。

4. 熔断器的电气符号及使用

熔断器的型号有专门的表示方法，其电气符号为 FU。熔断器的安装十分简单，只需串联进入电路即可。

（三）低压断路器

低压断路器又称为自动空气开关，在电气线路中起到接通、分断和承载额定工作电流的作用，并能在线路发生过载、短路、欠电压的情况下自动切断故障电路，保护用电设备的安全。按其结构的不同，常用的低压断路器分为装置式和万能式两种。

1. 装置式低压断路器

装置式低压断路器又称为塑壳式低压断路器，它是通过用模压绝缘材料制成的封闭型外壳而将所有构件组装在一起，用于电动机及照明系统的控制、供电线路的保护等。从型号表示方法来看，这种开关主要是 DZ 系列。在室内配电中，1 P 用来分断单相支路，2 P 用来同时断掉零、火线，而 3 P 一般用作三相交流电的控制与保护。

低压断路器主要由触点、灭弧系统、各种脱扣器和操作机构等组成。脱扣器又分电磁脱扣器、热脱扣器、复式脱扣器、欠压脱扣器和分励脱扣器等五种。装置式低压断路器体积小，分断电流较小，适用于电压较低、电流较小的民用建筑。

2. 万能式低压断路器

万能式低压断路器又称为框架式低压断路器，它由具有绝缘衬垫的框架结构底座将所有的构件组装在一起，用于配电网络的保护。从型号表示方法来看，这种低压断路器主要是 DW 系列。DW 系列低压断路器的内部结构通常暴露在外，分断电流较 DZ 系列要大很多。在民用建筑中，它一般不出现在用户终端或小型负荷中。

3. 低压断路器的电气符号及使用

不论是哪一种低压断路器，其电气符号都是唯一的，都用 QF 表示。低压断路器的接线也是将各相串联进入电路，但在安装时要注意正向安装，合闸时应向上推动，严禁倒装或水平安装。

（四）漏电保护器

1. 漏电保护器的类型和基本工作原理

漏电保护器又称为触电保护器或漏电断路器，它装有检漏元件、联动执行元件，当电路中漏电电流超过预定值时能自动断电，从而保障人身及设备安全。

常用的漏电保护器分为电压型和电流型两类。电压型漏电保护器用于变压器中性点不接地的低压电网。其特点是当人身触电时，零线对地出现一个比较高的电压，引起继电器动作，电源开关跳闸。电流型漏电保护器主要用于变压器中性点接地的低压配电系统。其特点是当人身触电时，由零序电流互感器检测出一个漏电电流，使继电器动作，电源开关断开。

目前广泛采用的漏电保护器为电流型漏电保护器，它分为电子式和电磁式两类，并按使用场所不同制成单相、两相、三相或三相四线式（即四极）。实践证明，电磁式漏电保护器比电子式漏电保护器的可靠性更高。

电磁式漏电保护器的动作特性不受电压波动、环境温度变化以及缺相等影响，而且抗磁干扰性能良好。特别对于使用在配电线终端的、以防止触电为目的的漏电保护装置，一些国家严格规定要采用电磁式漏电保护器而不允许采用电子式的。我国在《民用建筑电气设计规范》中明确规定"宜采用电磁式漏电保护器"，指出漏电保护器的可靠性是第一位的。

将漏电保护器安装在线路中，使一次线圈与电网的线路连接、二次线圈与漏电保护器中的脱扣器连接。当用电设备正常运行时，线路中的电流呈平衡状态，互感器线圈中的电流矢量之和为零，电子电路不工作，动作继电器处于闭合状态。当发生漏电或者人员触电时，电流将在故障点进行分流。电流经人体——大地——工作接地流回变压器中性点，致使线路电流产生不平衡，出现剩余电流，从而激发电流互感器工作。此时，电流互感器的线圈中产生感应电流，经电子电路放大，使脱扣装置带动继电器动作，继电器断开，进而保护触电者。

漏电保护器总保护的动作电流值大多是可调的，调节范围一般为 15 ~ 100 mA，最大可达 200 mA 以上。其动作时间一般不超过 0.1 s。家庭中安装漏电保护器的主要作用是防止人身触电，漏电开关的动作电流值一般不大于 30 mA。

2. 漏电保护器的安装及使用

漏电保护器由于经常伴随低压断路器出现，因此关于其电气符号可参见低压断路器。

这里还需要介绍在室内单向交流电的情况下，对于带漏电保护功能的低压断路器的安装及使用。零、火线分别从低压断路器的上端引入，下端出线应从漏电保护器的下方引出，供向负载端。漏电保护器上通常具备两个按钮：一是复位按钮，通常标注英文字母 R，在漏电保护器动作后按下该按钮，以使其继续工作，不至于影响下一次的动作；二是测试按钮，通常标注英文字母 T，在通电的情况下，按下测试按钮，漏电保护器立即动作，可以用来查看该保护器是否能够正常工作。

（五）电能表

电能表也称电度表，是用来测量某一段时间内电源提供电能或负载消耗电能的仪表。它是累计仪表，其计量单位是千瓦·时（kW·h）。电能表的种类繁多，按其准确度可划分为 0.5、1.0、2.0、2.5、3.0 级等；按其结构和工作原理又可以分为电解式、电子数字式和电气机械式三类。电解式主要用于化学工业和冶金工业中电能的测量；电子数字式适用于自动检测、遥控和自动控制系统；电气机械式又可分为电动式和感应式两种。电动式主要用于测量直流电能，而交流电能表大多采用感应式。在室内配电系统中，基本都使用感应式电能表，以下主要针对感应式电能表进行介绍。

电能表的内部主要由驱动元件、转动元件、制动元件和计算机构等组成。

驱动元件包括电压部件和电流部件。电压部件的线圈缠绕在一个“日”字形的铁芯上，导线较细，匝数较多。铁芯由硅钢片叠合而成。电流部件的线圈缠绕在一个“H”形的铁芯上，导线较粗，匝数较少。驱动元件的作用是：当电压线圈和电流线圈接到交流电路中时，产生交变磁通，从而产生转动力矩使电度表的铝盘转动。

转动元件由铝制圆盘和转轴组成，轴上装有传递转速的蜗杆，转轴安装在上、下轴承内，可以自由转动。

制动元件由永久磁铁和铝盘等组成。其作用是在铝盘转动时产生制动力矩，使转速与负载的功率大小成正比，从而使电能表反映出负载所消耗的电能。

计算机构是用来计算电能表铝盘的转数，实现电能的测量和计算的元件。当铝盘转动时，通过蜗杆、蜗轮、齿轮等传动装置使“字轮”转动，可以从面板上直接读取数据。不过，一般来说，电能表所显示的并不是铝盘的转数，而是负载所消耗的电能“度”数，1度等于1 kW·h。

四、室内配线

室内配线是指在建筑物内进行的线路配置工作，并为各种电气设备提供供电服务。配线是一道很重要的工序，在施工之前需要先了解室内配线的“条条框框”。

(一) 室内配线的原则

在设计中，要优先考虑供电与今后运行的可靠性。总的来讲，在设计和安装过程中，应注意以下基本原则：

(1) 安全。配线也是建筑物内的一种设施，必须保证安全性。施工前选用的电气设备和材料必须合格。施工中对于导线的连接、地线的施工以及电缆的敷设等，都应采用正确的施工方法。

(2) 便利。在配线施工和设备安装中，要考虑以后运行和维护的便利性，并要考虑今后发展的可能性。

(3) 经济。在工程设计和施工中，要注意节约有色金属。如配线距离要选择最短路径；在承载负荷较小的情况下，宜选用横截面积较小的导线。

(4) 美观。在室内配线施工中，需要注意不影响建筑物的美观，墙内配线要注意线槽的干净和横平竖直；明线敷设需选用合适的外部线槽。

(二) 室内配线的要求

(1) 配线时要求导线的额定电压大于线路的工作电压，导线的绝缘应符合线路安装方式和敷设环境的条件，导线的截面应满足供电的要求和机械强度，导线敷设的位置应便于检查和修理，导线在连接和分支处不应承受机械力的作用。

(2) 导线应尽量减少线路的接头，穿管导线和槽板配线中间不允许有接头，必要时可采用增加接线盒的方法；导线与电路端子的连接要紧密压实，以减小接触电阻和防止脱落。

(3) 明线敷设要保持水平和垂直，敷设时，水平导线敷设距地面不小于 2.5 m，垂直导线距地面不小于 1.8 m。如达不到上述要求需加保护装置，防止人为碰撞等造成机械损伤。

(4) 导线穿越墙体时，应加装保护管（瓷管、塑料管、钢管）。保护管伸出墙面的长度不应小于 10 mm，并保持一定的倾斜度。

(5) 为防止漏电，线路的对地电阻应小于 0.5M Ω。

(6) 明线相互交叉时，应在每根导线上加套绝缘管，并将套管在导线上固定。

(7) 线路应避开热源和发热物体，如烟囱、暖气管、蒸汽管等。如必须通过时，导线周围温度不得超过 35℃。管路与发热物体并行时，当管路敷设在热水管下方时，二者的距离至少为 20 cm；当敷设在热水管上方时，二者的距离至少为 30 cm；当管路敷设在蒸汽管下方时，二者的距离至少为 50 cm；当敷设在蒸汽管上方时，二者的距离至少为 100 cm，并做隔热处理。

(8) 导线在连接和分支处，不应承受机械应力的作用，并应尽量减少接头。导线与电器端子连接时要牢靠压实。大截面导线应使用与导线同种金属材料的接线端子，如铜和铝端子相接时，应将铜接线端做刷锡处理。

(三) 室内配线的一般工序

(1) 熟悉设计施工图，做好预留预埋工作。其主要工作内容有：确定电源引入方式及位置，电源引入配电盘的路径，垂直引上、引下及水平穿越梁柱、墙等位置和预埋保护管。

(2) 确定灯具、插座、开关、配电盘及电气设备的准确位置，并沿建筑物确定导线敷设的路径。

(3) 在土建涂灰之前，将配线所需的固定点打好孔眼，预埋螺栓、保护管和木榫等。

(4) 装设绝缘支持物、线夹、线管及开关箱、盒等，并检查有无遗漏和错位。

(5) 敷设导线。

(6) 导线连接、分支、绝缘层的恢复和封闭要逐一完成，并将导线出线接头与设备连接。

(7) 检查测试。

(四) 室内配线方法

通常室内配线分为明敷和暗敷，明敷配线相对容易，即直接使用绝缘导线沿墙壁、天花板，利用线卡、夹板、线槽等固定件来配线。明敷在配线出现问题时比较容易检修。

而一般的民用住宅大多采用暗敷，即将绝缘导线穿入管内，埋入墙体、地板下、天花板中，也称线管配线。这样配线美观工整，但如果线路出现问题，维修困难。所以暗敷配线时一定要注意所选导线的质量，导线应有足够的机械强度和电流承受能力。

1. 线管配线方法

线管配线是将绝缘导线穿入 PVC 或金属材质的管道内，这种方法具有防潮、耐腐蚀、导线不易受到机械损伤等优点，大量应用于室内外照明、动力线路的配线中。

(1) 线管的选择

在选择线管时，应优先考虑线管的材质。在潮湿和具有腐蚀性的场所中，由于金属的耐腐蚀性差，所以不宜使用金属管配线。在这种情况下，一般采用管壁较厚的镀锌管或最普遍的 PVC 线管。而在干燥的场所内，也同样可以大量使用 PVC 线管，只不过管壁较薄。

根据导线的截面积和导线的根数确定线管的直径，要求穿过线管的导线总截面积 (包括绝缘层) 不应该超过线管内径的 40%。当仅有两根绝缘导线穿过同一根管内时，管内径不应小于两根导线外径之和的 1.35 倍 (立管可取 1.25 倍)。

(2) 管线的处理

在布管前，由于已经设计好管线的敷设方向，或是已经在墙体上开槽，因此需要先对管线进行处理。

首先，要选择合适的长度，材料较长时应当锯短。切断方法是使用台钳将管固定，再用钢锯锯断。此外，管口要平齐，用锉去除毛刺。若铺管长度大于 15 m，应增设过路盒，并使穿线顺利通过。过路盒中的导线一般不断头，只起到过渡作用。

其次，线管在拐弯时，不要以直角拐弯，要适当增加转弯半径，否则很容易发生管子扁瘪的情况。处于内部的导线无疑会受到一个较大的弯折力，这时可在拐弯处插入弯管弹簧，弯曲时将弯管弹簧经引导钢丝拉至拐弯处，用膝盖或坚硬物体顶住线管弯曲处，双手慢慢用力，之后取出弯管弹簧即可。如上述操作都不好进行拐弯，尤其是直角拐弯时，可再次使用过路盒进行配置。

最后，还要依据线管数量准备线路交错、拐弯等的接头。

(3) 配管

由于是暗敷配线，因此配管之前需要在墙面、地面或者天花板上进行开槽。开槽深度应根据线管的直径来确定，但最好不要超过墙体混凝土厚度的1/3。若需要在墙壁铺设管道，最好垂直开槽，禁止在墙壁开出横向且长度较长的铺管槽。开槽时一定要保持横平竖直，工整无缺块。开好槽后，应再开设开关、插座等的暗盒槽，准备埋入接线盒。之后，开始在槽内安装管道和接线盒。

第一，同一方向的管道应用细铁丝捆绑在一起，墙体上的管道应用钉子进行固定。

第二，管与管的连接最好使用配套的接头，并在其上涂抹黄油，缠绕麻丝，以保证机械强度和一定的密封性。

第三，接线盒安装完成后需使用专门的塑料盖盖严，以免后续在墙面抹灰时，堵塞其内部结构。

第四，在管内穿入一根16号或18号的钢丝，将钢丝头留置在各个过路盒中，以便后续将导线顺利拉出。

(4) 穿线

第一，准备好购买的导线，按照粗细、颜色等进行分组。

第二，可用吹风设备清扫管路，保持清洁。

第三，利用先前穿入的钢丝轻拉导线，不可用力过大，以免损伤导线。

第四，如有多条导线穿入，必须事先将其平行成束，不可缠绕，可进行相应的捆绑。之后将所有导线头束缚在一起，以免接头面积扩大。

第五，穿出的导线应留有一定的长度，并将头部弯成“钩”状，以免导线缩回管内并等待接线。

2. 塑料护套线的配线方法

塑料护套线是一种将双芯或多芯的绝缘导线并在一起，外加塑料保护层的双绝缘导线，它具有防潮、耐酸、防腐蚀及安装方便等优点，广泛用于家庭、办公室的室内配线中，塑料护套线配线是明敷配线的一种，一般用铝片线卡或塑料卡钉作为导线支持物，直接敷设在建筑物的墙壁表面，有时也可直接敷设在镂空的物体之上。比如，在家庭装修中所设计的装饰灯带经常采用塑料护套线进行配线，这样方便修理与安装，并且将塑料护套线直接放入灯带的镂空空间内不易被注意到[①]。

由于塑料护套线配线是明敷配线，因此安装方法十分简单，具体操作步骤如下：

(1) 定位

根据线路布置图确定导线的走向和各个电器的安装位置，并做好相应记号。

(2) 画线

根据确定的位置和线路的走向，用弹线袋画线，并做到横平竖直，必要时可使用吊铅垂线来严格控制垂直角度。

(3) 确定固定端位置

在画好的线上确定铝片线卡的位置：每两个铝片之间的距

---

① 侯涛．室内供配电线路及用电设备保护微探 [J]. 现代农机，2020 (04)：47-48.

离应保持在 120 ~ 200 mm；拐弯处，铝片至弯角顶端的距离为 50 ~ 100 mm；离开关、灯座等的距离规定为 50 mm。再标注其位置记号。

(4) 安装铝片线卡

根据上述标记的位置，先用钉子等固定器件穿孔将各个铝片固定在墙体或物体上。需要注意的是，铝片线卡根据塑料护套线的内部导线数量和粗细程度分为 0、1、2、3、4 号不同的大小和长度，在安装前一定要先行确定所安装护套线的粗细，选好铝片型号。

(5) 敷设塑料护套线

护套线敷设时，安装在铝片之上。为使护套线平整，可用瓷夹板对其先行固定、拉直，但不可用力过大，以免损伤护套线。

五、室内配电箱

当今新建住宅中，每户都有自己的室内配电箱。室内配电箱分为强电配电箱和弱电配电箱。强电配电箱的电压等级为单相交流电 220V，并为家中的插座、照明、家用电器等供电；弱电配电箱主要是通信弱电线路，主要包括网线、电话线、有线电视线等。下面将着重介绍强电配电箱。

(一) 强电配电箱的内部组成

强电配电箱的作用是将用户总电分配至家中各个用电负荷，并可以方便地在配电箱处灵活控制各个地点的电源通断，它还可以对家中的电气事故自动实施相应的保护措施。

从每层的分电源经过电能表进入该层某户的强电配电线路有三条。火线一般为红色，零线为蓝色或者黑色，地线为黄绿色相间。为了施工方便和人员安全，上述三种导线的颜色不能随意更换，尤其是地线，标准严格。

之后，将多个低压断路器经配电箱安装导轨并排整齐安装。该户的总电源断路器一般设置为双极，并通常带有漏电保护器，在出现电路故障时，能同时断掉零、火线；在家中有人员触电或者漏电时，漏电保护器同样会跳闸保护。

除入户总电外，其他支路都配置为单相断路器。因插座、厨房、卫生间等地点容易发生触电事故，因此，这些支路的断路器也应当设置漏电保护功能。

除断路器组合之外，配电箱中还分别具备零线端子排和地线端子排。排上的每个接线柱经导体短接，以增加配电箱中零、地线的接线柱数量，从而不至于将各条导线都挤进一个接线柱，最终保证用电安全。

配电箱的顶部和底部都有几个穿线管口，以便将各处和各功能的导线通过管口整齐地送至用电负荷处。

（二）导线的选用

(1) 买来的导线都为成卷包装，每卷导线长度为 100 m，正负误差不超过 0.5 m。

(2) 室内配线的常用电线型号有 BV 线、BVR 线、BVV 线等。BV 为单股线，BVR 为多股线，同等截面积的 BVR 线比 BV 线贵 10% 左右。在性能方面，BV 线与 BVR 线基本相同，质量上 BVR 线略大一点，制作工艺更复杂一些，而且 BVR 线比较软，不易变形和折断。BVV 线与上述两种线相比，主要区别在于其铜芯外面有两层绝缘皮。

(3) 在日常配电箱中，BV 线使用较多。其根据承载电流大小的不同，导线截面积分为：1 mm^2、1.5 mm^2、2.5 mm^2、4 mm^2、6 mm^2、10 mm^2 等类型。截面积越大，发热量越小，承载大电流能力越强。入户干线经常使用 6 mm^2 或者 10 mm^2 的导线；照明线路使用 2.5 mm^2 便可；插座选用 4 mm^2 的；空调、热水器等大功率电器使用 6 mm^2 的居多，有时也使用 4 mm^2 的导线。这里所述都为铜芯导线，之前老旧建筑物中所使用的铝芯导线承载电流的能力较弱，这里不再阐述。

（4）导线质量的辨认：在选取优质导线时，首先，应注意包装是否完好，是否具有国家强制产品认证的“3C”标志，生产厂商信息及商品信息是否全面；其次，要看铜质，好的铜芯导线铜色发红或发紫、手感柔软、有光泽，劣质导线铜色发白或发黄；最后，看绝缘皮质量，看铜芯是否有偏芯现象，绝缘皮在弯折时应十分柔韧，劣质导线的绝缘皮被弯折时，立刻发白，严重时有粉末脱落。

（三）低压断路器的分组

在安装配电箱时，低压断路器需安装几个？是否需带漏电保护装置？下文将对这些方面做简要介绍，具体情况还要根据施工现场的室内状况与条件确定。

（1）根据室内面积，可将插座回路分成几个低压断路器，如客厅与餐厅使用一个回路，几个卧室使用另一个回路等，最好选用漏电保护器。导线可选用 4 mm^2 规格。

（2）厨房和卫生间等使用大功率用电器较多的场所，须单独布置回路，且须选用漏电保护器。导线选用 4 mm^2 规格。

（3）空调需要单独布置回路，导线可选用 6 mm^2 规格，挂壁式空调可以不使用漏电保护器。热水器可与厨房或卫生间共用回路，也可在条件允许的情况下单独布置回路，并使用漏电保护器，导线可使用 6 mm^2 规格的。

(4) 照明回路无须安装漏电保护器，应注意根据现场的状况确定需要使用几个单极低压断路器。导线可选用 2.5 mm^2 规格。

六、室内配电系统的形式和构成原则

(一) 室内配电系统的形式

室内配电系统也可以称作低压配电系统，有按带电导体和系统接地形式两种分类方式。

所谓带电导体是指正常通过工作电流的相线和中性线，带电导体系统的形式宜采用三相四线制、三相三线制、两相三线制、单相两线制。

按系统接地形式分，是指系统中性点接地的形式，即中性点不接地、中性点接地和中性点经阻抗或消弧线圈接地。

(二) 室内配电系统的构成原则

1. 低压电力配电系统的构成

主要应考虑以下几点：

(1) 低压配电电压应采用 220/380 V，配电系统的形式宜采用单相二线制、两相三线制和三相四线制。

(2) 在正常环境的车间或建筑物内，当大部分用电设备为中、小容量且无特殊要求时，宜采用放射式配电。

(3) 当用电设备容量大，或负荷性质重要，或在有潮湿、腐蚀性环境的车间、建筑内，宜采用放射式配电。

(4) 单相用电设备的配置应力求三相平衡。

(5) 需要备用电源的车间或建筑，可与邻近的车间或建筑设低压联络线；建筑物内保障用电设备安全。

2. 低压照明配电系统的构成

主要应考虑下述各点：

(1) 正常照明电源宜与电力负荷合用变压器。但当有较大冲击性电力负荷，而不能保证照明电源与电压质量时，则宜单独设置。

(2) 特别重要的照明负荷，宜在负荷末端配电盘中采用自动切换电源的方式配电；还可采用由两个专用回路各带约50%照明灯具的配电方式。

(3) 照明系统中的每一个单相回路的电流不宜超过16 A，灯具数量不宜超过25个。大型建筑组合灯具每一单相回路电流不宜超过25 A，光源数不宜超过60个。建筑物轮廓灯每一单相回路不宜超过100个。

(4) 插座宜由单独的回路配电，并且一个房间内的插座宜由同一回路配电。备用、疏散照明的回路不应设置插座。

七、高层建筑的供配电系统

高层建筑和多层建筑的室内配电系统有以下不同：首先，电力负荷中增加了电梯、水泵等动力负荷，增加了建筑物的供电负荷等；其次，由于设置了消防设备(如消防电梯、水泵及疏散照明等)，增加了一系列的消防报警及控制要求。

(一) 电力负荷的水平及负荷等级

高层建筑的面积很大，居民多，所以相对于多层建筑应提高负荷的等级。

(1) 高层普通住宅的客梯、生活水泵电力、楼梯照明为二级负荷。

(2) 高层普通住宅的消防用电梯及消防用电设备为一级负荷。

(3) 高层住宅19层及以上的普通住宅为一类防火等级建筑，10～18层的普通住宅为防火等级建筑。

(4) 一类建筑的消防用电按一级负荷要求供电；二类建筑的消防用电按二级负荷要求供电。消防用电包括：消防控制室、消防水泵、消防电梯、防排烟设施、火灾自动报警、自动灭火装置、火灾应急照明和电动防火门窗、卷帘、阀门等。

(二) 供电电源

高层建筑的供电电源除了必须满足建筑的功能要求和维护管理条件外，往往取决于消防设备的设置、建筑的防火分区以及各项消防技术要求。一级负荷应采用两个独立电源供电。这两个独立电源可取自城市电网，当发生故障且主保护装置失灵时，仍有一个电源不中断供电；在大型的保护完善和运行可靠的城市电网条件下，这两个独立电源的源端应至少是35kV及以上枢纽变电所的两段母线。这两个独立电源可以一个取自城市电网，另一个取自备用电源。

第二节　室内照明

照明是生活、生产中不可缺少的条件，也是现代建筑中的重要组成部分。照明系统由照明装置及电气部分组成，照明装置主要是指灯具，电气部分包括开关、线路及配电部分等。电气照明技术实际上是对光的设计和控制，为更好地理解电气照明，必须掌握照明技术的基本概念。

一、照明技术的基本概念

(一) 光的基本概念

光是能量的一种形态，是能引起视觉感应的一种电磁波，也可称之为可见光。这种能量从一个物体传播到另一个物体，无须任何物质作为媒介。可见光的波长范围在380 nm (紫色光) ~ 780 nm (红色光)。

光具有波粒二象性，它有时表现为波动，有时表现为粒子(光子)。通常波长在780 nm ~ 1000 μm 的电磁波称为红外线；波长在10 nm ~ 380 nm 的电磁波称为紫外线。红外线和紫外线不能引起人们的视觉感应，但可以用光学仪器或摄影束发现，所以在光学概念上，除了可见光以外，光也包括红外线和紫外线。

在可见光范围内，不同波长的可见光会引起人眼不同的颜色感觉，将可见光波380 nm ~ 780 nm 连续展开，分别呈现红、橙、黄、绿、蓝、靛、紫等代表颜色。

各种颜色之间连续变化，单一波长的光表现为一种颜色，称为单色光；多种波长的光组合在一起，在人眼中会引起复色光；全部可见光混合在一起，就形成了太阳光。

在太阳辐射的电磁波中，大于可见光波长的部分被大气层中的水蒸气和二氧化碳强烈吸收，小于可见光波长的部分被大气层中小的具氧吸收。而到达地面的太阳光，其波长正好与可见光相同，这说明了人的视觉反应是在人类长期的进化过程中对自然环境逐步适应的结果。通常所谓物体的颜色，是指它们在太阳光照射下所呈现的颜色。

(二) 光的度量

就像以米为单位度量长度一样，光也可以用物理量进行度量，这些物理量包括光通量、照度、发光强度、亮度等，其具体意义如表 2-1 所示。

表 2-1 光的度量常用物理量

度量名称	定义	表示单位	
		单位名称	符号
光通量	光源在单位时间内向周围空间辐射并引起视觉的能量，称为光通量。它等于单位时间内某一波段的辐射能量和该波段的相对视见率的乘积。由于人眼对不同波长的光的相对视见率不同，所以不同波长光的辐射功率相等时，其光通量并不相等。光通量可以说明光源发光的能力，是照明系统重要的技术指标之一	流明	lm
照度	单位面积上接收的光通量称为照度。其用于指示光照的强弱和物体表面积被照明程度的量	勒克斯	lx
发光强度	发光强度是指光源在某一特定方向上的单位立体角内辐射的光通量，简称为光强	坎德拉	cd
亮度	发光体在给定方向的单位投影面积上的发光强度	坎德拉 / 平方米	cd/m^2

续　表

度量名称	定义	表示单位	
		单位名称	符号
发光效率	电光源每消耗1W电功率所发出的光通量，简称光效。这是评价各种光源的一个重要数据	流明 / 瓦特	1m/W

（三）光源的色温

不同的光源，由于发光物质不同，其光谱能量分布也不同。一定的光谱能量分布表现为一定的光色，通常用色温来描述光源的光色变化。

如果一个物体能够在任何温度下全部吸收任何波长的辐射，那么这个物体称为绝对黑体。绝对黑体的吸收本领是一切物体中最大的，加热时其辐射能力也最强。黑体辐射的本领只与温度有关。严格地说，一个黑体若被加热，其表面按单位面积辐射光谱能量的大小及其分布完全取决于它的温度。可把任一光源发出光的颜色与黑体加热到一定温度下，发出光的颜色相对比来描述光源的光色。所以色温可以定义为：“当某种光源的色度与某一温度下的绝对黑体的色度相同时绝对黑体的温度。”因此，色温是用温度的数值来表示光源颜色的特征。色温用绝对温度（K）表示，绝对温度等于摄氏温度加273。例如，温度为2000 K的光源发出的光呈橙色，温度为3000 K左右的光源发出的光呈橙白色，温度为4500 K～7000 K的光源发出的光近似白色。

在人工光源中，只有白炽灯灯丝通电加热与黑体加热的情况相似。对白炽灯以外的其他人工光源的光色，其色度不一定准确地与黑体加热时的色度相同。所以只能用光源的色度与最接近的黑体色度的色温来确定光源的色温，这样确定的色温叫作相对色温。

（四）光源的显色性

显色性是指光源对物体颜色呈现的程度，也就是颜色的逼真程度。显色性高的光源对物体颜色的表现较好，所看到的颜色比较接近自然色；显色性低的光源对颜色的表现较差，所以看到的颜色偏差较大。

为何会有显色性高低之分呢？其关键在于该光线的分光特性，可见光的波长在380nm ~ 780 nm，也就是在光谱中见到的红、橙、黄、绿、蓝、靛、紫光的范围，如果光源所放射的光中所含的各色光的比例与自然光接近，则人眼所看到的颜色也就较为逼真。

一般以显色指数表征显色性。国际照明委员会（CIE）把太阳的显色指数定为100，即将标准颜色在标准光源的辐射下的显色指数定为100，将其当作色标。当色标被试验光源照射时，其颜色在视觉上的失真程度，就是这种光源的显色指数。各类光源的显色指数各不相同，如高压钠灯的显色指数为23，荧光灯管的显色指数为60 ~ 90。

显色分为两种，即忠实显色和效果显色。忠实显色是指能正确表现物质本来的颜色，需使用显色指数高的光源，其数值接近100。效果显色是指要鲜明地强调特定色彩表现生活的美，可以利用加色的方法来加强显色效果。采用低色温光源照射，能使红色更加鲜艳；采用中等色温光源照射，能使蓝色具有清凉感。显色指数越大，则失真越小；反之，显色指数越小，失真就越大。

二、照明技术基础

照明系统在施工之前需经详细考察与设计，首先应根据应用场合的不同，选择合适的照明方式与种类。

（一）照明方式

照明方式是指照明设备按其安装部位或使用功能而形成的基本制式。按照国家制定的设计标准，照明方式划分为工业、企业照明和民用建筑照明两类。按照照明设备安装部位不同可将照明方式分为建筑物外照明和室内照明。

建筑物外照明可以根据实际使用功能分为建筑物泛光照明、道路照明、区街照明、公园和广场照明、溶洞照明、水景照明等。每种照明方式都有其特殊的要求。

室内照明按照其使用功能分为一般照明、分区照明、局部照明和混合照明几种类型。工作场所通常应设置一般照明；同一场所内的不同区域有不同的照度要求时，应采用分区一般照明；对于部分作业面照度要求较高，且只采用一般照明不合理的场所，宜采用混合照明；在一个工作场所内不应只采用局部照明。对于室内照明，其方式如表 2-2 所示。

表 2-2 室内照明的方式

名称	定义	特点	适用场合
一般照明	不考虑特殊部位的需要，为照亮整个场地而设置的照明方式	能获得均匀的照度，适用于对光照方向无特殊要求或不适合安装局部照明和混合照明的场所	如仓库、某些生产车间、办公室、会议室、教室、候车室、营业大厅等

续 表

名称	定义	特点	适用场合
分区照明	根据需要，提高特定区域照度的一般照明方式	适用于对照度要求比较高的工作区域：灯具可以集中均匀布置，提高其照度值，其他区域仍采用一般照明	如工厂车间的组装线、运输带、检验场地等
局部照明	为满足某些部位的特殊需要而设置的照明方式	在很小范围的工作面上，通常采用辅助照明设施来满足这些特殊工作的需要	如车间内的机床灯、商店橱窗的射灯、办公桌上的台灯等
混合照明	由一般照明与局部照明组成的照明方式，即在一般照明的基础上再增加局部照明	有利于提高照度和节约电能。在需要局部照明的场所，不应只装配局部照明而无一般照明，否则会造成亮度分布不均匀而影响视觉	对于工作部位需要较高照度并对照射方向有特殊要求的场所，宜采用混合照明。如医院检查室、工厂生产车间等

(二) 照度标准

光对人眼的视觉有三个最重要的功能：识别物体形态（形态感觉）、颜色（色觉）和亮度（光觉）。人眼之所以能辨别颜色，是由于人眼的视网膜上有两种感光细胞——圆柱细胞和圆锥细胞。圆锥细胞对光的感受性较低，只在明亮的条件下起作用；而圆柱细胞对光的感受性较高，但只在昏暗的条件下起作用。圆柱细胞是不能分辨颜色的；只有圆锥细胞在感受光刺激时才能分辨颜色。人眼只有在照度较高的条件下，才能区分颜色。

民用建筑照明设计中，应根据建筑性质、建筑规模、等级标准、功能要求和使用条件等确定合理的照度标准值，现行国家标准《建筑照明设计标准》GB50034—2013中规定：在选择照度时，应符合标准照度分级：0.5、1、3、5、10、15、20、30、50、75、100、150、200、300、500、750、1000、1500、2000、3000、5000，单位为勒克斯。

（三）照明质量

照明的最终目的是满足人们的生产生活需要。总体而言，照明质量评价体系可概括为两类：一类是诸如照度水平及其均匀度、亮度及其分布、眩光、立体感等量化指标的评价；另一类是综合考虑心理、建筑美学和环境保护方面等非量化指标的评价。近年来，尤其是针对环境保护方面的评价更受到行业的重视。

1. 照度水平及其均匀度

合适的照度水平应当使人易于辨别他所从事的工作细节。在设计时应当严格按照照度标准值执行。另外，如果在工作环境中工作面上的照度对比过大、不均匀，也会导致视觉不适。灯与灯之间的实物距离比灯的最大允许照射距离越小，说明光线相互交叉照射得越充分，相对均匀度也会有所提高。CIE（国际照明委员会）推荐，在一般照明情况下，工作区域最低照度与平均照度之比通常不应小于0.8，工作房间整个区域的平均照度一般不应小于人员工作区域平均照度的1/3。我国《民用建筑照明设计标准》中规定：工作区域内一般照明的均匀度不应小于0.7，工作房间内交通区域的照度不应低于工作面照度的1/5。

2. 亮度及其分布

作业环境中各表面上的亮度分布是决定物体可见度的重要因素之一，适当地提高室内各个表面的反射比，增加作业对象与作业背景的亮度对比，比简单提高工作面上的照度更加有效、更加经济。

3. 眩光

眩光是由视野内亮度对比过强或亮度过高造成的，就是生活中俗称的“刺眼”，会使人产生不舒适感或降低可见度。眩光有直接眩光与反射眩光之分。直接眩光是由灯具、阳光等高亮度光源直接引起的；反射眩光是由高反射系数的表面（如镜面、光泽金属表面等）反射亮度造成的。反射眩光到达人眼时遮挡了作业体，减弱了作业体本身与周围物体的对比度，会产生视觉困难。眩光强弱与光源亮度及面积、环境背景、光线与视线角度有关。在对照明系统进行设计时，需要着重考虑眩光对人眼的影响，降低局部光源照度与亮度、减少高反射系数表面、改变光源角度等，都是可行的措施。

4. 立体感

照明光源所发出的能量一般都会形成一定的光线、光束或者光面，即点、线、面的各种组合。研究表明，垂直照度和半柱面照度之比在 0.8 ~ 1.3 时，可给出关于造型立体感的较好参考，有利于工作区域作业。

5. 环境保护指标

在照明设备的生产、使用和回收过程中，都可能直接或间接地影响环境，尤其在发电过程中，除了会消耗大量的资源，还会带来许多附加环境问题。减少电能的消耗，就是保护我们的环境。在照明设计中，应当优先选择效率较高的照明系统，这不仅要选择发光效率高的光源，还包括选择高效的电子镇流器和触发器等电器附属器件，以及采用照明控制系统和天然采光相结合的方式等。其次，光污染也是近年来比较活跃的一个课题。所谓光污染，主要包括干扰光和眩光两类，前者较多的是对居民的影响，后者常对车辆、行人等造成影响。

三、常见电光源

电光源是指利用电能做功，产生的可见光源，与自然光——太阳光、火光等相区别。电光源的发展从爱迪生发明电灯开始至今，历经了四代电光源技术。虽然这四代电光源发明年代有先后之分，但因其不同的工作特点和经济特性，至今仍然都在被广泛使用。尤其是以LED灯为代表的第四代产品正被大力推荐和推广使用中。下面以时间为序，依次介绍这四代电光源中比较有代表性的产品。

(一) 第一代电光源——白炽灯

1879年爱迪生发明了具有实用价值的碳丝白炽灯，使人类从漫长的火光照明时代进入电气照明时代，同时也宣告了第一代光源——白炽灯的诞生。现代白炽灯是靠电流加热灯丝至白炽状态而发光的。其具有光谱连续性、显色性好，结构简单、可调光、无频闪等优点，这使得白炽灯在随后的数十年间取得了快速发展。

1. 白炽灯的内部结构

普通的白炽灯主要由玻壳、钨灯丝、引线、玻璃压封、灯头等组成。玻壳做成圆球形，制作材料是耐热玻璃，它把灯丝和空气隔离，既能透光，又能起到保护作用。白炽灯工作时，玻壳的温度最高可达100℃左右。丝灯是用比头发丝还细得多的钨丝做成的螺旋形。同碳丝一样，白炽灯里的钨丝也害怕空气。如果玻壳里充满空气，那么通电以后，钨丝的温度会升高到2000℃以上，空气就会对它毫不留情地发动袭击，使它很快被烧断，同时生成一种黄白色的三氧化钨，附着在玻壳内壁和灯内部件上。两条引线由内引线、杜美丝和外引线三部分组成。内引线用来导电和固定灯丝，用铜丝或镀镍铁丝制作；中间一段很直的丝色金属叫杜美丝，要求它同玻璃密切结合而不漏气；外引线是铜丝，任务就是通电。排气管用来把玻壳里的空气抽走，然后将下端烧焊密封，灯就不会漏气了。灯头是连接灯座和接通电源的金属件，用焊泥把它同玻壳黏结在一起。

2. 白炽灯的特点

白炽灯显色性好、亮度可调、成本低廉、使用安全、无污染，至今仍被大量采用，如在室内装修或施工时的临时用灯还在大量使用白炽灯。之所以临时使用，是因为白炽灯利用热辐射发出可见光，所以大部分白炽灯会把其消耗能量中的90%转化成无用的热能，只有少于10%的能量会转化成光，因此它的发光效率低，能耗大，且寿命较短。

3. 白炽灯的使用

白炽灯适用于需要调光、要求显色性高、迅速点燃、频繁开关及需要避免对测试设备产生高频干扰的地方和屏蔽室等。生活中，白炽灯需220 V的单相交流电供电，无须任何辅助器件，安装方便、灵活。在选购白炽灯时，需主要查看其灯头规格和额定功率。常用的灯头规格为E14和E27两类，都为旋转进入，E14的灯头细长，E27的灯头较为粗短；后续将要介绍到的节能灯、LED灯等生活用灯也遵循这样的灯头规格。某些白炽灯的灯头也被制作成插脚型，但应用较少。常用的额定功率有15 W、25 W、40 W、60 W、100 W、150 W、200 W、300 W、500 W。

4. 白炽灯的发展

因白炽灯的功耗较大，随着澳大利亚成为世界上第一个计划全面禁止使用白炽灯的国家，其他各国也纷纷推出了禁用白炽灯的计划，如加拿大、日本、美国、中国、欧盟各国均计划在未来逐步淘汰白炽灯。

(二) 第二代电光源——低压气体放电灯

气体放电灯是由气体、金属蒸气混合放电而发光的灯。气体放电的种类很多，用得较多的是辉光放电和弧光放电。辉光放电一般用于霓虹灯和指示灯。弧光放电有较强的光输出，因此普通照明用光源都采用弧光放电形式。

气体放电灯可分为低压气体放电灯和高压气体放电灯。20世纪30年代，荷兰科学家发明出第一支荧光灯，低压气体放电灯由此宣告诞生。此外低压气体放电灯还包括钠灯、无极灯等种类，而荧光灯以其优异的性能和传统得到最为普遍的应用。

荧光灯按其技术水平的先进程度、发光和附属器件的工作原理，主要分为传统型荧光灯、电子镇流型荧光灯、节能型荧光灯和荧光高压汞灯等。

1. 传统型荧光灯

传统型荧光灯也称为电感镇流器荧光灯，是依靠汞蒸气放电时辐射出的紫外线来激发灯体内壁的荧光物质发光的。它在工作时不是直接与电源相连，而是通过启辉器、镇流器等附属器件共同组成电路系统来进行工作。

(1) 荧光灯电路系统中的器件。

第一，灯管。传统型荧光灯管内的两头各装有灯丝，灯丝上涂有电子发射材料三元碳酸盐，俗称电子粉，在交流电压的作用下，灯丝交替地作为阴极和阳极。灯管内壁涂有荧光粉，荧光粉颜色不同，发出的光线也不同，这就是荧光灯可做成各种颜色的原因。管内充有400～500 Pa压力的氩气和少量的汞。灯管要想启动，必须在其两端加入瞬时高电压，才能使其内部物质发生作用。以40 W的荧光灯管为例，其两端的电离电压需要高达千伏左右，而灯管正常工作后，维持其工作的电压都很低，大概在110 V上下。

第二，镇流器。将传统的电感镇流器进行拆解，在硅钢片上缠绕有电感线圈——镇流器的核心部件。电感具有“隔交通直、阻高通低”的特性：当通入电感的电流产生变化时，电感线圈的自感应电动势会阻止电流升高或降低的趋势，利用这样的特性，在电路启动时提供瞬间高压，在电路正常工作时又起到降压限流的作用。

第三，启辉器。它是用来预热日光灯灯丝，并提高灯管两端电压，以点亮灯管的自动开关。启辉器的基本组成可分为：充有氖气的玻璃泡、静触片、动触片，其中触片为双金属片。当启辉器的管脚通入额定电压时，内部氖气发生电离，泡内温度升高，U形动触片是由两片热膨胀系数不同的双金属片叠压而成，因此会发生变形，进而触动静触片，使上述提到的“开关”闭合。启辉器的通断直接带来了电路系统中电流的变化，进而激发镇流器工作。

(2) 荧光灯电路系统的工作原理。

荧光灯电路启动时，开关闭合，220V的电压加在启辉器之上，启辉器中的惰性气体发生电离，使其内部温度升高，启辉器中U形动触片变形使之闭合，电路接通，使灯丝预热，此时加在启辉器之上的电压变为0，启辉器内部冷却，动触片回位，电路断开。此时，流经镇流器的电流突然降为0，使其产生自感电动势，与电源的方向一致，相加之后，使之承受高压。此时，灯管内的惰性气体电离，管内温度升高，管中的水银蒸气游离碰撞惰性气体分子，从而使弧光放电产生紫外线，看不见的紫外线照射在管壁的荧光粉上，荧光粉便发出光亮，至此启动完成。

荧光灯正常发光后，由于灯管内部的水银蒸气电离成导体，交流电会不断通过镇流器的线圈，线圈中产生自感电动势，自感电动势阻碍线圈中的电流变化，这时镇流器起降压限流的作用，使电流稳定在灯管的额定电流范围内，灯管两端的电压也稳定在额定工作电压范围内。由于这个电压低于启辉器的电离电压，所以并联在两端的启辉器也就不再起作用了。又由于电压降低，所以荧光灯在工作中比较节能。

可见，荧光灯在启动过程中，会承载一个很高的瞬时电压，激发电离。然而当其正常工作后则电压值很低，因此，各类荧光灯都不适合频繁开关，否则由于经常有高电压的冲击，会直接影响其使用寿命。

2. 电子镇流型荧光灯

电子镇流型荧光灯与传统型荧光灯的结构基本相同，区别在于镇流器。电子镇流器相对于电感镇流器而言，其采用电子技术驱动电光源，轻便小巧，甚至可以将电子镇流器与灯管等集成在一起；同时，电子镇流器通常可以兼具启辉器的功能，故此可省去单独的启辉器。它还可以具有更多的功能，例如，可以通过提高电流频率或者电流波形改善或消除日光灯的闪烁现象；也可通过电源逆变过程使得日光灯可以使用直流电源。由于传统电感式镇流器存在缺点，它正在被日益发展成熟的电子镇流器所取代。

电子镇流型荧光灯与传统型荧光灯相比优点很多。第一，电子镇流型荧光灯更加高效节能；第二，电子镇流型荧光灯无频闪、无噪声，有益于身心健康，因为电子镇流器的核心部分——

开关振荡源是直流供电，所输入的交流电先经过整流、滤波，故其对供电电源的频率不敏感，加之振荡源输出的是20~50 kHz的高频交流电，人的眼、耳根本不能分辨出如此高的频率；第三，低电压启动性能好，电感镇流器荧光灯在电压低于180 V时，就难以启动，而电子镇流型荧光灯在供电电压130~250 V内，约经过2 s的时间就能快速地一次性启辉点燃，对低质电网有很强的适应能力；第四，电子镇流型荧光灯的寿命长，电感荧光灯的额定寿命为2000 h，而电子节能灯的额定寿命为3000~5000 h，有的寿命甚至高达8000~10000 h。

3. 节能型荧光灯

节能型荧光灯可分为单端节能灯和自镇流节能灯两类，它们也是荧光灯家族中的重要成员。

单端节能灯是将荧光灯的灯脚设计在一端，因而体积小巧、安装方便，用于专门设计的灯具，如台灯等。单端节能灯在选取时要认清灯脚的数量。两针的单端节能灯已经将启辉器和抗干扰电容加入灯体内部，而四针的却不含有任何电子器件。

自镇流节能灯自带镇流器、启辉器及全套控制电路，并装有螺旋式灯头或者插口式灯头。电路一般封闭在一个外壳里，灯组件中的控制电路以高频电子镇流器为主，属于电子镇流型荧光灯的范畴。这种一体化紧凑型节能灯可直接安装在标准白炽灯的灯座上面，直接替换白炽灯，使用比较方便。

照明用自镇流节能灯的节能效果及光效比普通白炽灯泡和电子镇流器式普通直管形荧光灯好许多。以H形节能灯为例，一只7W的H形节能灯产生的光通量与普通40W白炽灯的光通量相当；9 W的H形节能灯与60 W的白炽灯光通量相当。可见，普通照明用自镇流荧光灯的光效是白炽灯的6~7倍。它与普通直管形荧光灯相比，其发光效率要高 30% 以上。

总体来讲，荧光灯的发光效率、节能程度要比白炽灯高得多，在使用寿命方面也优于白炽灯；其缺点是显色性较差，特别是它的频闪效应，容易使人眼产生错觉，应采取相应的措施消除频闪效应。另外，荧光灯需要启辉器和镇流器，使用比较复杂。但自镇流节能灯完全可以替代白炽灯。其次，荧光灯无法像白炽灯一样调节明暗，且在使用时不宜频繁地通断。

（三）第三代电光源——高强度气体放电灯

20 世纪 40—60 年代，科学家发现了通过提高气体放电的工作压力而表现出的优异特性，进而不断地开发出高压汞灯、高压钠灯、金属卤化物灯等高强度气体放电灯，由于其具有功率密度高、结构紧凑、光效高、寿命长等优点，使得其在大面积泛光照明、室外照明、道路照明及商业照明等领域得到广泛应用，成为第三代电光源的典型代表。

1. 高压汞灯

高压汞灯是玻壳内表面涂有荧光粉的高压汞蒸气放电灯。它能发出柔和的白色灯光，且结构简单、成本低、维修费用低，可直接取代普通白炽灯。它具有光效高，寿命长，省电又经济的特点，适用于工业照明、仓库照明、街道照明、泛光照明和安全照明等。

（1）高压汞灯的分类

高压汞灯的类型较多，有在外壳上加反射膜的反射型灯（HR），有适用于 300 ~ 500 nm 重氮感光纸的复印灯，有广告、显示用的黑光灯，有具红斑效应的医疗用太阳灯，有做尼龙原料光合化学作用和涂料、墨水聚合干燥的紫外线硬化用的汞灯等。应用最普遍的是自镇流高压汞灯。

(2) 高压汞灯的工作原理

高压汞灯的灯泡中心部分是放电管，由耐高温的透明石英玻璃制成。管内充有一定量的汞和氩气。用钨做电极并涂上钡、锶、钙的金属氧化物作为电子发射物质。电极和石英玻璃用铝箔实现非匹配气密封接。启动采用辅助电极，它通过一个 40 ~ 60kΩ 的电阻连接。外壳除起保护作用外还可防止环境对灯的影响。外壳内表面涂以荧光粉，使其成为荧光高压汞灯。荧光粉的作用是补充高压汞灯中不足的红色光谱，同时提高灯的光效。在主电极的回路中接入镇流灯丝 (钨)，使其成为自镇流高压汞灯，无须外接镇流器，可以像白炽灯一样直接使用。

2. 高压钠灯

钠灯是利用钠蒸气放电产生可见光，可分为低压钠灯和高压钠灯两种。低压钠灯的工作蒸气压不超过几个兆帕。高压钠灯的工作蒸气压大于 0.01 MPa。高压钠灯使用时发出金白色光，具有发光效率高、耗电少、寿命长、透雾能力强和不易锈蚀等优点。它广泛应用于道路路灯、高速公路、机场、码头、车站、广场植物栽培等诸多生活领域。

(1) 高压钠灯的工作原理

当灯泡启动后，电弧管两端的电极之间产生电弧，由于电弧的高温作用，使管内的钠、汞同时受热蒸发变成蒸气，阴极发射的电子在向阳极运动过程中，撞击放电物质的原子，使其获得能量产生电离激发，然后由激发态恢复到稳定态，或由电离态变为激发态，无限循环下去，多余的能量以光辐射的形式释放便产生了光。

(2) 高压钠灯的使用安装

高压钠灯是一种高强度气体放电灯泡。由于气体放电灯泡的负阻特性，如果把灯泡单独接到电网中去，其工作状态是不稳定的，随着放电过程继续，它必将导致电路中的电流无限上升，直至最后灯光或电路中的零部件被过流烧毁。

钠灯同其他气体放电灯泡一样，工作时是弧光放电状态，其伏安特性曲线为负斜率，即灯泡电流上升，而灯泡电压下降。在恒定电源的条件下，为了保证灯泡稳定地工作，电路中必须串联一个具有正阻特性的电路元件来平衡这种负阻特性，以稳定工作电流，该元件为镇流器或限流器。镇流器在通电瞬间通过触发器启动激活钠灯内部的高压气体，点亮钠灯，当钠灯点亮后，触发器分离。

(四) 第四代电光源——LED 灯

20 世纪 60 年代，科技工作者利用半导体 PN 结发光的原理，研制出了 LED 发光二极管，即 LED 灯的雏形，也拉开了第四代电光源发展的序幕。LED 最初只用作指示灯，并未延伸至照明领域，但随着科技的发展，发光二极管的亮度大大提升，将多个发光二极管通过电路的组合和外壳的封装，即是如今炙手可热的 LED 灯。LED 灯因其高效、节能、安全、使用周期长、小巧、光线清晰等技术特点，正在成为新一代照明市场上的主力产品，只是价格方面还不具备竞争性。

1. 发光二极管的工作原理

发光二极管具有一般 PN 结的伏安特性，即正向导通、反向截止和击穿特性。发光二极管的照明是一个电光转换的过程。当一个正向偏压施加于 PN 结两端时，由于 PN 结势垒的降低，P

区的正电荷将向N区扩散，N区的电子也向P区扩散，同时在两个区域形成非平衡电荷的积累。对于一个真实的PN结型器件，通常P区的载流子浓度远大于N区，致使N区非平衡空穴的积累远大于P区的电子积累。由于电流注入产生的少数载流子是不稳定的，对于PN结系统，注入价带中的非平衡空穴要与导带中的电子复合，其余的能量将以光的形式向外辐射，这就是LED发光的基本原理。

2. LED灯的内部结构及电路工作原理

LED灯的种类多种多样，但电路的基本工作原理是通用的，如球形LED灯，其组成结构可分为灯罩、驱动板、灯珠板、散热器、灯头几个部件。

220V的电压加载至灯泡，首先经驱动板进行整流和降压。因为发光二极管工作时只接受直流电，并且可承载的电压很低，因而需将整理好的电压通入灯板，使LED灯发亮。将220V的电压经二极管整流电路进行交直变换，经C_2平波、R_3分压，将电压送至LED串联组进行工作。注意，LED都为串联，所以只要有一个灯珠损坏，那么所有灯珠均不会发亮。

3. LED灯的主要特点

LED作为一个发光器件，之所以备受人们的关注，是因为它具有比其他发光器件优越的特点，具体有以下几方面：

(1) 工作寿命长

LED作为一种半导体固体发光器件，比其他的发光器件有更长的工作寿命；其亮度半衰期通常可达到10万小时。如用LED灯替代传统的汽车用灯，那么，它的寿命将与汽车的寿命相当，具有终身不用修理与更换的特点。

(2) 低电耗

LED 是一种高效光电器件，因此在同等亮度下，其耗电较少，可大幅降低能耗。今后随着工艺和材料的发展，它将具有更高的发光效率。

(3) 响应时间快

LED 一般可在几十纳秒（ns）内响应，因此是一种高速器件，这也是其他光源望尘莫及的。

(4) 体积小、质量小、耐冲击

这是半导体固体器件的固有特点。

(5) 易于调光、调色、可控性大

LED 作为一种发光器件，可以通过流经电流的变化控制其亮度。也可通过不同波长的配置来实现色彩的变化与调整。因此，用 LED 制成的光源或显示屏易于通过电子控制来达到各种应用的需要，它与 IC 计算机在兼容性上没有任何问题。另外，LED 光源的应用，原则上不受空间的限制，可塑性极强，可以任意延伸，并实现积木式拼装。目前，超大彩色显示屏的发光非 LED 莫属[①]。

(6) 绿色、环保

电子用 LED 制作的光源不存在诸如汞、铅等环境污染物，因此，人们将 LED 光源称为绿色光源是毫不为过的。

① 敬舒奇，魏东，王旭，李宝华. 室内 LED 照明控制策略与技术研究进展 [J]. 建筑科学，2020，36(06)：136-146.

第三章　电子基本技能

第一节　锡焊技术

一、焊接技术概述

焊接是金属连接的一种方法。利用加热、加压或其他手段在两种金属的接触面，依靠原子或分子的相互扩散作用形成一种新的牢固结合，使这两种金属永久地连接在一起，这个过程就称为焊接。

(一) 焊接的分类

现代焊接技术主要分为熔焊、针焊和压焊三类。熔焊是靠加热被焊件 (母材或基材)，使之熔化产生合金而焊接在一起的焊接技术，如气焊、电弧焊等。钎焊是用加热熔化成液态的金属 (焊料) 把固体金属 (母材) 连接在一起的方法，作为焊料的金属材料，其熔点要低于被焊接的金属材料，按照焊料的熔点不同，针焊又分为硬焊 (焊料熔点高于 450℃) 和软焊 (焊料熔点低于 450℃)。压焊是在加压条件下，使两工件在固态下实现原子间的结合，也称为固态焊接。

(二) 锡焊及其过程

在电子产品装配过程中的焊接主要采用钎焊类中的软焊，一般采用铅锡焊料进行焊接，简称锡焊。锡焊的焊点具有良好的物理特性及机械特性，同时又具有良好的润湿性和焊接性，因而在电子产品制造过程中广泛使用锡焊焊接技术。

锡焊的焊料是铅锡合金，其熔点比较低，共晶焊锡的熔点只有183℃，是电子行业中应用最普遍的焊接技术。锡焊具有如下特点。

（1）焊料的熔点低于焊件的熔点。

（2）焊接时将焊件和焊料加热到最佳锡焊温度，焊料熔化而焊件不熔化。

（3）焊接的形成是依靠熔化状态的焊料浸润焊接面，通过毛细作用使焊料进入间隙，形成一个结合层，从而实现焊件的结合。

锡焊是整机电子产品中电子元器件实现电气连接的一种方法，是将导线、元器件引脚与印制电路板连接在一起的过程。锡焊过程要满足机械连接和电气连接两个目的，其中机械连接是起固定的作用，而电气连接是起电气导通的作用[①]。

（三）锡焊的特点

（1）焊料的熔点低，适用范围广。锡焊的熔化温度在180℃～320℃，且对金、银、铜、铁等金属材料都具有良好的可焊性。

（2）锡焊易于形成焊点，焊接方法简便。锡焊的焊点是靠熔融液态焊料的浸润作用而形成的，因而对加热量和焊料都不必有精确的要求，就能形成焊点。

（3）成本低廉、操作方便。锡焊比其他焊接方法成本低，焊

① 钱灿荣．焊接技术常见缺陷和防止措施分析[J]．轻工科技，2021，37（06）：37-38.

料也便宜，焊接工具简单，操作方便，并且整修焊点、拆换元器件以及修补焊接都很方便。

(4) 容易实现焊接自动化。

(四) 锡焊的基本要求

焊接是电子产品组装过程中的重要环节之一，如果没有相应的焊接工艺质量作为保证，任何一个设计精良的电子产品都难以达到设计指标。因此，在焊接时必须做到以下几点。

1. 焊件应具有良好的可焊性

金属表面能被熔融焊料浸湿的特性叫可焊性，它是指被焊金属材料与焊锡在适当的温度及助焊剂的作用下，形成结合良好的合金的能力。只有能被焊锡浸湿的金属才具有可焊性，如铜及其合金、金、银、铁、锌、镍等都具有良好的可焊性。即使是可焊性良好的金属，其表面也容易产生氧化膜，为了提高其可焊性，一般采用表面镀锡、镀银等方式。铜是导电性能良好且易于焊接的金属材料，所以应用最为广泛。常用的元器件引线、导线及焊盘等大多采用铜制成。

2. 焊件表面必须清洁

焊件由于长期储存和污染等原因，其表面可能产生氧化物、油污等，会严重影响其与焊料在界面上形成合金层，造成虚焊、假焊。工件的金属表面如果存在轻度的氧化物或污垢可通过助焊剂来清除，较严重的要通过化学或机械的方式来清除。故在焊接前必须先清洁表面，以保证焊接质量。

3. 使用合适的助焊剂

助焊剂是一种略带酸性的易熔物质，在焊接过程中可以溶解工件金属表面的氧化物和污垢，提高焊料的流动性，有利于焊料浸润和扩散的进行，并在工件金属与焊料的界面上形成牢固的合金层，保证了焊点的质量。不同的焊件，不同的焊接工艺，应选择不同的助焊剂。

4. 焊接温度适当

焊接时，将焊料和被焊金属加热到焊接温度，使熔化的焊料在被焊金属表面浸润扩散并形成金属化合物。要保证焊点牢固，一定要有适当的焊接温度。加热过程中不但要将焊锡加热熔化，而且要将焊件加热到熔化焊锡的温度。只有在足够高的温度下，焊料才能充分浸润，并充分扩散形成合金层。但过高的温度也不利于焊接。

5. 焊接时间适当

焊接时间对焊锡、焊接元件的浸润性、结合层的形成有很大的影响。准确掌握焊接时间是优质焊接的关键。当电烙铁功率较大时，应适当缩短焊接时间；当电烙铁功率较小时，可适当延长焊接时间。若焊接时间过短，会使温度太低；若焊接时间过长，又会使温度太高。在一般情况下，焊接时间不应超过3s。

6. 选用合适的焊料

焊料的成分及性能应与工件金属材料的可焊性、焊接的温度及时间、焊点的机械强度等适应，锡焊工艺中使用的焊料是锡铅合金，根据锡铅的比例及含有其他少量金属成分的不同，其焊接特性也有所不同，应根据不同的要求正确选用焊料。

二、手工焊接技术

手工焊接是焊接技术的基础，也是电子产品组装的一项基本操作技能。手工焊接适用于产品试制、电子产品的小批量生产、电子产品的调试与维修以及某些不适合自动焊接的情况。目前，还没有哪一种焊接方法可以完全代替手工焊接，因此在电子产品装配中这种方法仍占有重要地位。

焊接操作过程分为五个步骤（也称五步法），分别是准备施焊、加热焊件、填充焊料、移开焊锡丝、移开烙铁五步，一般要求在 2～3 s 的时间内完成操作。

（一）准备施焊

准备好焊锡丝和电烙铁。此时需要特别强调的是烙铁头部要保持干净，即可以沾上焊锡（俗称吃锡）。一般是右手拿电烙铁，左手拿焊锡丝，做好施焊准备。

（二）加热焊件

使电烙铁接触焊接点，注意首先要保持电烙铁能够加热焊件各部分。例如，印制电路板上的引线和焊盘都使之受热；其次要注意让烙铁头的扁平部分（较大部分）接触热容量较大的焊件，烙铁头的侧面或边缘部分接触热容量较小的焊件，以保持均匀受热。

（三）填充焊料

当焊接点的温度达到适当的温度时，应及时将焊锡丝放置到焊接点上熔化。操作时必须掌握好焊料的特性，并充分利用，而且要对焊点的最终理想形状做到胸中有数。为了形成焊点的理想形状，必须在焊料熔化后，将依附在焊接点上的烙铁头按焊点的形状移动。

(四) 移开焊锡丝

当焊锡丝熔化（要掌握进锡速度）且焊锡撒满整个焊盘时，即可以45°方向拿开焊锡丝。

(五) 移开电烙铁

焊锡丝拿开后，电烙铁应继续放在焊盘上持续1～2 s，当焊锡完全润湿焊点后移开电烙铁，注意移开电烙铁的方向应该是大致45°的方向，动作不要过于迅速或用力往上挑，以免溅落锡珠、锡点，或使焊锡点拉尖等。同时要保证被焊元器件在焊锡凝固之前不要移动或受到振动，否则极易造成焊点结构疏松、虚焊等现象。

上述过程，对一般焊点而言为2～3 s，对于热容量较小的焊点，例如，印制电路板上的小焊盘，有时用三步法概括操作方法，即将上述步骤（2）（3）合为一步，（4）（5）合为一步。实际上，如果进行细微区分还是五步，所以五步法具有普遍性，是掌握手工电烙铁焊接的基本方法。特别是各步骤之间间隔的时间，对保证焊接质量至关重要，只有经过实践才能逐步掌握。

三、数字化焊接技术

当下，随着信息化技术的进步及广泛应用，“数字化”的概念越来越清楚地呈现在人们眼前。所谓数字化技术，一般是指以计算机硬件及软件、接口设备、协议和网络为技术手段，以信息的离散化表述、传感、传递、处理、存储、执行和集成等信息科学理论及方法为基础的集成技术。数字化作为信息化的核心，主要包括设计数字化、仿真试验数字化、制造技术和制造装备数字化、生产过程数字化、治理数字化、企业数字化等。数字化焊接技术是制造技术数字化的一个重要组成部分。

（一）数字化焊接技术的发展趋势

数字化技术主要包括设计数字化、仿真试验数字化、制造技术和制造装备数字化、生产过程数字化、管理数字化、企业数字化等。数字化技术是以计算机软硬件、周边设备、协议和网络为基础的信息离散化表述、感知、传递、存储、处理和联网的集成技术。其具体应用包括数字化制造与数字化产品两方面，即将数字化技术用于支持产品生命周期的制造活动和企业的全局优化运作就是数字化制造技术；将数字化技术引入工业产品就形成了数字化产品。数字化制造技术是在制造技术、计算机技术、网络技术与管理科学的交叉、融合的背景下，在虚拟现实、计算机网络、快速原型、数据库和多媒体等技术的支持下根据用户的需求，迅速对产品信息、工艺信息和资源信息进行分析、规划和重组，实现对产品设计和功能的仿真以及原型制造，进而快速生产出用户所需产品的整个过程。

数字化焊接技术是指用计算机技术来控制焊接设备的运行状态，使其满足和达到焊接工艺所提出的要求，以得到完全合格的焊缝。数字化焊接技术是制造技术数字化的一个重要组成部分。高速、高效、优质和自动、智能化是现代焊接技术的主要发展方向，研发和推广应用数字化焊机是它的基础，也是实现现代化焊接工艺的重要标志和必由之路。

焊接制造数字化是一种全新概念的先进焊接制造技术，它集先进焊接技术、先进数控和计算机技术、CAD/CAM 技术、先进材料技术、先进检测技术为一体，可以制造预定形状的零件，也可以使损坏的零件复原到原有尺寸，而且性能达到或超过原来材料水平。因此焊接制造数字化技术，实际是一门新的光、机、电、计算机、数字化、材料综合交叉的先进焊接制造技术。先进制造技术的一个重要发展趋势是工艺设计从经验判断走向定量分析，其方法就是将数值模拟技术与物理模拟和人工智能技术相结合，确定工艺参数优化工艺方案，预测加工质量，使生产过程从“理论—实验—生产”转变为“理论—计算机模拟—生产”。

数字化焊机是高效焊接和自动化焊接的基础。数字化作为数字信号处理技术与弧焊工艺结合的产物，引起了业内人士的广泛关注。数字化焊接的概念及其特点、数字化焊机的实现方式及数字化焊机对整个焊接生产工艺起着一定的推动作用。数字化焊接技术涉及以下几个方面：焊接设备、焊接工艺知识、传感与检测、信息处理、过程建模、过程控制器、机器人机构、采用智能化途径进行复杂系统集成的实施等。随着科学技术的飞速发展，焊接技术也一定会紧密地与当代高科技（电子、微电子、信息技术）相结合。步入当今信息化微电子时代，博览会上的产品几乎都融入了信息技术、智能数字化技术的新成果，从而将焊接技术提高到一个前所未有的水平。

数字化控制使焊接电源具有很好的系统灵活性。由于模拟系统的配置和增益是由阻容网络硬件所决定的，一旦确定就很难改变，而在数字化控制系统中，只要改变软件则很容易实现柔性控制。在焊接过程数字化控制中，焊接电源的能量控制由电流、电压、时间的协同方式来完成，具体表现为输出波形的数字化。在 CO_2 气体保护焊数字化控制中，实现了一种智能化自动寻优控制方法。在脉冲 MIG 焊接 Synegic 控制法中，根据送丝速度自动匹配电流脉冲参数，使熔化速度和送丝速度相适应。为解决系统对弧长扰动的恢复，QH—ARC103 控制法采用多折线外特性，实现了弧长的闭环控制。同时，还有在保持单元电流脉冲能量恒定的前提下，对弧长和送丝速度同时控制的综合控制法。

采用集成化柔性焊接系统建立一个完整的多级协调的焊接柔性智能制造生产线，这需要配置集成化的 CAD/CAPP/CAM/CAQ 工程软件系统，实现制造工艺和数据预备的数字化；与设计系统集成，实现制造过程的治理和控制、制造资源治理的数字化；建立制造资源数据库、典型材料和工艺以及典型零件的焊接参数数据库；应用柔性制造工程技术提升焊接设备应用的整体效能；建立焊接过程模拟与仿真系统的数学模型和软件模型；提供焊接热过程、力学过程、熔池的形成过程、焊缝金属的结晶过程模拟软件，便于对接头组织性能进行分析，实现焊接工艺过程优化；建立焊接质量自动评价系统。

（二）数字化焊接模拟仿真技术

焊接是应用最广泛的材料连接方式之一，同时也是历史悠久的制造工艺。焊接作为一门古老而充满活力的学科，在材料加工领域一直占有重要的地位。而焊接过程数值模拟在材料热加工领域数内的值模拟中具有很强的代表性。数值模拟技术作为使热加工过程从工艺走向科学的重要手段，在理论和实践两方面均起着十分重要的作用。

我国是钢铁产销大国，同样也是焊接应用大国。当前的焊接应用中还存在很多落后的工艺方式，如何将现代的焊接数值仿真技术应用于传统的焊接工艺，利用先进的计算机数值模拟技术改造传统的焊接工艺，对加速我国焊接信息化与工业化的融合有着非常重要的意义。

仿真模拟技术是指使用仪器设备、模型、计算机虚拟技术，以及利用场地、环境的布置，模仿出真实工作程序、工作环境、技术指标、动作要求，进行科学研究、工业设计，模拟生产、教学训练和考核鉴定等的一项综合技术。

焊接过程复杂且快速，难以直接观察和测试。以往的焊接工艺设计往往建立在“经验”的基础上，常常需要经过多次，反复试验生产才能确定，耗费大量人力、物力。近年来，随着焊接基础理论和试验技术的发展，特别是计算机技术的突飞猛进，使焊接过程数值模拟和专家系统得以迅速发展，从而可以使焊接加工技术逐步从“技艺”走向“科学”。通过计算机可以对焊接过程中的各种现象进行数值模拟，进而进行定量分析，指导焊接生产实际，尽管对复杂的、多变量的、快速变化的焊接过程进行精确的模拟有不少困难，但现已取得可喜的成果。另外，利用计算机作为大量信息收集、存储、处理和分析的工具，进行逻辑推理。

焊接数值模拟技术的发展是随着焊接实践经验的积累，有限元数值模拟技术、计算机技术等的发展而逐步开始的。焊接工艺的仿真，主要是针对焊接温度场、残余应力、变形等几个方面，从而改善焊接部件的制造质量，提高产品服役性能，优化焊接顺序等工艺过程。传统焊接质量的好坏非常依赖于焊接工人的经验，而通过焊接数值模拟技术就是利用数值模拟方法找到优化的焊接工艺参数，例如，焊接材料、温控条件、夹具条件、焊接顺序等。

目前，焊接领域采用数值模拟方法涉及的对象大致有以下几个方面：①焊接温度场的数值模拟，其中包括焊接传热过程、熔池形成和演变、传热、电弧物理现象等；②焊接金属学和物理过程的模拟，包括熔化、凝固、组织变化、成分变化、晶粒的长大、氢扩散等；③焊接应力与变形的数值模拟，包括焊接过程中应力应变的变化和残余应力应变等；④焊接接头的力学行为和性能的数值模拟，包括断裂、疲劳、力学不均匀性，几何不均匀性及组织、结构、力学性能等；⑤焊缝质量评估的数值模拟，包括裂缝、气孔等各种缺陷的评估及预测；⑥具体焊接工艺的数值模拟。例如，电子束焊接、激光焊接、离子弧焊接、电阻焊等。

常用的焊接数值模拟方法有：差分法、有限元法、蒙特卡洛法。经过多年的发展，有限元数值模拟技术已经成为焊接数值仿真的主流方法，因为焊接最为关心的是变形和残余应力的控制，而有限元方法在这方面有着明显的优势。目前，焊接仿真软件有两类：一类是通用结构有限元软件，主要是考虑焊接的热物理过程、约束条件，进行热–结构耦合分析，得到变形和残余应力结果。对于焊接研究者来说需要自己来控制和定义的内容更多，需要对通用软件有很深的应用功底和较强的专业知识才能更好地把握结果的精度和意义；另一类就是焊接专用有限元软件，特点是针对性强，有针对焊接工艺的界面和模型，比较方便定义焊接路径、热源模型。另外，结果精度会更高一些，对于焊接研究者来说，比较容易学习和使用。

上述软件大都可以进行二维和三维的电、磁、热、力等各方面线性和非线性的有限元分析，而且有较强的模型处理和网格划分能力，并且有比较直观而强大的后处理功能。因而，焊接工作者可以充分利用上述软件而无须自己从头编制模拟软件，必要时加上二次开发，即可得到需要的结果，这就明显加速了焊接模拟技术发展的进程。

温度场的模拟是对焊接应力、应变场及焊接过程其他现象进行模拟的基础，通过温度场的模拟我们可以判断固相和液相的分界，能够得出焊接熔池形状。焊接温度场准确模拟的关键在于提供准确的材料属性，热源模型与实际热源的拟合程度，热源移动路径的准确定义，边界条件是否设置恰当等。与通用软件相比，专业焊接软件使用起来更加方便，减少了通用软件很多操作时间。例如，SYSWELD 中有焊接热源模型，有双椭球（Goldak）热源模型（适于 TIG、MIG 焊接）及圆锥（Conical）热源模型（适于激光、电子束等焊接）可以供使用者选择，并且具有热源校准功能，使得热源的拟合尽可能与实际情况相吻合。

焊接过程模拟仿真技术的主要难点在于解题过程的高效性和解的精确性。提高焊接过程模拟仿真的精度依赖于建立精确的物理模型，依赖于温度及温度历史的材料新模型的建立，主要针对目前焊接过程模拟仿真中应用的材料模型的不足展开。对于大多数金属材料，其性能在焊接热循环的加热和冷却过程中会发生不同的变化。在焊接过程中，材料性能不仅是温度的函数，同时也是温度历史的函数。目前，焊接过程模拟仿真应用的绝大多数材料模型没有考虑焊缝、热影响区以及母材金属经历的不同和焊接热循环过程对材料性能产生不同程度的影响，必然对焊接数值模拟的精度造成一定影响。建立材料性能依赖于温度及温度历史的材料新模型，可以使材料性能测试实验与前人的工作相比要更为精确和合理。目前，焊接过程模拟和仿真受到前所未有的重视。随着计算机软、硬件技术的发展，数值模拟技术已经渗透到各个方面，如焊接热过程计算、焊接结构件应力和变形猜测、焊接接头组织和性能模拟及猜测等，特别是焊接热过程计算已经从传统的普通熔焊过程逐步扩展到高能束焊接方法，逐步由单一的温度场计算发展到流场和热场耦合计；焊接结构件的应力和变形计算逐步从实验室走进企业，可计算的构件也越来越复杂，可逐步实现焊接工序优化。焊接接头组织和力学性能模拟和猜测也有了长足的进步，在组织模拟方面，一些新技术的逐步引进，使组织模拟研究异常活跃。

（三）数字化焊接专家系统

所谓专家系统是将众多的焊接规范以数据库的形式存储到计算机中，这些焊接规范都是成功的经验数据。每一条数据都包含诸多信息，如焊接方法、被焊材料、板厚、坡口形状、焊丝直径、送丝速度、焊接电流、焊接电压等。当操作者输入某几项参数后就可以查询到最佳的焊接规范，通过 A/D 或 D/A 把这焊接规范转换成焊机的给定信号以控制焊接设备的运行。

数字化焊接技术主要利用数字信号处理和微机控制具有的三个基本功能，即数值计算、数值分析和实时控制，实现数字化焊接，把软硬件融合在焊接工艺中，提高它的稳定性、精确度、生产效率、质量并减少飞溅。

大型成套专用焊接设备的专家系统装在上位机 PC 机中，PC 机与焊接电源内的数字微处理器设备可以进行数据通信交换；小型成套专用焊接设备可以把焊接规范直接存储到数字微处理器中。焊接设备的运行状态是要随时监控检测的。指针式或数字式仪表只能做到即时检测而无法做到实时检测。数字化检测就是把焊接设备运行时的电流、电压及其他参数输入计算机中。也可以用高速摄影仪拍摄的熔滴过渡图像或 CCD 摄像仪拍摄的焊缝轨迹图像输入计算机中，这样在计算机屏幕上就可以实时观察到焊接设备运行时的电流、电压波形或熔滴过渡图像、焊缝轨迹图像。数字化检测的最大优点是不但可以实时观察、控制焊接设备的运行状态，而且具有强大的存储功能，可以对焊接设备运行状态做离线分析和数据管理。以数字化检测作为测试手段的设备通称为电焊机虚拟仪表，国家电焊机检测中心已经有商业化的产品，这对我国焊接设备行业产品的出厂试验、型式试验以及国家电焊机产品质量的检测、检验工作都具有重大的现实意义。网络监控可以把成套专用焊接设备运行状态的诸多参数实时输入计算机中，通过网关和路由器把计算机接入 Internet 网，并且申请一个该机的 IP 地址。这样就可以通过 Internet 网远程实时监控焊接设备运行状态。

专家系统技术几乎与数据库技术同时在焊接领域得到广泛应用，美、英、日等国都开展了这方面的研究工作。由于焊接过程的复杂性难以量化，更多地需要专家做出判定，因此，焊接被认为是应用专家系统的理想领域。国外开发的专家系统涉及工艺设计或工艺选择、焊接缺陷或设备故障诊断、焊接本钱估算、实时监控、焊接 CAD (疲惫设计，符号绘制)、焊工考试等，几乎囊括了焊接生产的所有主要阶段及主要方面，并且开发出的专家系统大部分已经贸易化，应用于产业领域中。国内焊接专家系统研究始于 1988 年，在焊接专家系统方面的研究已逐步走向成熟，部分系统已经商品化。伴随着网络化的发展趋势，各种数据、标准等的一体化、同一化进程加快。建立共享型的同一数据库，开发基于 Intranet 的 Client/Server 模式和基于 Internet 的 Browser/Server 模式的焊接专家系统已成为主流趋势。目前，机械制造业数字化总体框架日趋成熟，但在各个制造领域的发展很不平衡，其中的数字化焊接研究刚刚起步。

我国在焊接工艺知识专家系统、焊接设备自动化、焊接过程自动传感与检测、信息处理、过程建模、过程控制器、焊接机器人机构及复杂系统集成等基础研究领域，均已取得丰富成果，进入实际应用阶段，基本具备建立完整数字化焊接系统的理论基础。建立数字化焊接系统应从建立分离的柔性焊接加工站入手，分级建立不同子系统的计算机间的通信链路，在此基础上开展系统调度和优化治理技术研究，实现焊接过程信息的实时显示与干预控制、焊接过程路径和参数的离线编程、多媒体图形仿真、焊接专家系统的应用及生产数据的综合治理。目前，智能化的焊接机器人应用已很广泛，并且已经出现了小型的集成化柔性焊接加工系统。一个完整的焊接系统分为两级：工作站级和执行级。中心监控计算机属于前者，其子系统属于后者。整个系统具有如下功能：各柔性加工单元之间能够实现信息的实时交互。基于网络通信，各加工单元从中心控制计算机实时下装并运行焊接作业程序。在焊接过程中，控制器根据跟踪系统提供的焊接状态实时调整焊接参数。

中心控制计算机在不同子系统的计算机间形成通信链路，实现网络信息的治理与监控。网络系统采用分级控制模式，与传感系统相配合，完成基于传感信息流的共享控制、融合监控与集中治理。在中心控制计算机上能实现焊接过程信息的实时显示与干预控制、焊接过程路径和参数的离线编程、多媒体图形仿真、焊接专家系统的应用及生产数据的治理等。

（四）数字化的焊接设备

21世纪制造业趋于全球化、网络化、集成化、虚拟化、异地化、数字化，计算机、信息技术的快速发展将促进制造领域逐渐与其融合，焊接作为制造领域中重要的材料加工和结构生产力，也正在与信息技术紧密结合，由于焊接过程的多变性和复杂性，利用数字化技术使焊接设备从简单的机电产品变成一种精密加工仪器，将是焊接设备的发展方向。

数字化焊接设备有两个概念：一是指采用数字量控制的焊接电源；二是指带有智能控制系统的焊接设备，如焊接机器人等(其电源不一定是数字电源)。建立数字化焊接生产线，既需要数字化焊接电源，又需要智能化控制系统。随着信息化技术的进步及广泛应用，“数字化”的概念越来越清晰地呈现在人们面前。

焊接装备的设计主要是指焊接夹具、装备夹具、传输设备等的设计。这些焊接装备的设计都属于非标产品的设计，它不同于固定产品的设计，对于不同的车型，焊接装备都会有较大的区别，但是又有很多相似的地方，因此，在设计过程中如何合理应用数字化技术使得设计工作简单有效地进行是项目实施过程中的关键因素。焊接装备设计工作与规划工作类似，其数字化应用是从纸质图纸到二维电子图再到三维设计的过程。

1. 国外数字化焊接设备

在国外已有数字化焊接电源产品，它的心脏部分是一个数字信号处理器（DSP），由它集中处理所有焊接数据，检测和控制整个焊接过程，焊机具有引弧、精确控制电弧、专家系统、一机多功能、焊接数据接口和评价系统等功能。焊机的操作界面友好，一台数字化焊机上实现了脉冲 MIG、直流 MIG、手弧焊、TIG 焊等多种工艺方法的并且具有不同材质、不同焊丝直径的焊接功能，多功能性一目了然。同时，参数的给定旋钮只有 1 个，这样就极大地方便了操作者。德国 EWM 公司生产的 INTEGRAL 系列数字化焊接电源，数字处理系统处理所有焊接数据，控制整个焊接过程，同样具有专家系统、一机多用、计算机或网络通信、模块化设计、焊接数据的存储和分析系统等功能，国外公司相继推出了数字化焊接电源产品并进入中国市场。

由于数字化焊机大量采用了单片机、DSP 等数字芯片，因此计算机与数字化焊机、数字化焊机与机器人以及数字化焊机内部的电源与送丝机、电源与水冷装置、电源与焊枪之间的通信连接就可以非常方便地实现。数字化焊接设备以其更高的控制精度、良好的接口兼容性正在发挥越来越重要的作用。国外机器人技术发展迅速。据资料介绍，日本各类机器人占世界总量的 42%。相比之下，我国与世界发达国家还有很大差距。我国制造业中焊接机器人的应用主要是在 20 世纪 90 年代以后。汽车制造和汽车零部件生产企业中的焊接机器人占全部焊接机器人的 76%，是我国焊接机器人最主要的应用领域。在航空制造业，焊接机器人的应用还有待进一步发展。

2. 国内数字化焊接设备研究现状

在国内，数字化焊接电源尚处于研究阶段，高校和科研机构已在这方面开展了工作。但目前国内数字化焊接设备，成功用于焊接生产的示例较少。数字化焊接电源的发展与电力电子技术、信号处理技术及计算机控制技术的发展是密不可分的。从控制电路的角度来看，数字化电源借助 DSP 技术实现了模拟 PID 控制器和 PWM 信号发生电路的数字化，随着模拟电路和数字电路有机结合的混膜电路的出现，预计不久的将来，分立式的模拟电路将逐步为高度集成的数字化混膜电路所取代。伴随着新型的功能强大的数字信号处理器（DSP）的出现，数字化焊接电源实现了柔性化控制和多功能集成，具有控制精度高、系统稳定性好、产品一致性好、功能升级方便等优点；同时，数字化焊接电源接口兼容性好，可以方便地与外部设备建立数据交换通道，如机器人焊接系统的建立，焊接生产的网络化管理与监控，等等。

由于数字化焊接的高自动化特点，对工装夹具等焊接辅具的自动化水平带来了更高要求。全自动化的以适应数字化焊接高效要求的工装夹具成为发展趋势。在发展数字化焊接和生产数字化焊接设备方面，我国许多科研院所已经做了大量的工作并取得了较好的成果。但国内的焊接生产重要领域，仍大量采用国外数字化产品。我国的数字化控制产品在技术成熟度、稳定性、功能、可靠性方面以及在多电弧高速焊中的协调控制方面尚需进一步完善。在以数字化控制模式、特性进行建模、仿真，对相应的关键技术与开发应用，包括数字化控制的技术方案比较分析综合应用方面需要进行更加深入的研究。近些年来，随着工程专业进步和发展的需要，一些设计软件被广泛应用。在这些软件中，CATIA、UG 两种三维应用软件由于在汽车、航空领域中的大量应用而得到了下游厂家的青睐。汽车的产品设计从原始的样板、胎具的方式逐渐过渡到三维造型设计，其中包含了很多非常复杂的曲面造型，对于装备设计而言，只有在设计手段上与产品设计保持一致，才能够充分保证产品的质量；同时，在原有软件基础上进行合理的二次开发，可使软件的专业性更强，更好地发挥它的功能。数字化技术在整个白车身焊装的规划、设计、仿真、数据库、加工、检测、控制、管理等各个方面都得到了很好的应用。

随着计算机软件的不断发展与完善，将进一步提高产品质量、缩短生产周期、节约制造成本和使用成本、加快技术的升级换代。数字化技术在汽车白车身焊接装备行业中的应用，不仅是将制造技术、计算机技术、网络技术与管理科学交叉、融合、发展的结果，而且是制造企业、制造系统与生产过程、控制系统不断发展的必然趋势。

众所周知，随着数字化、智能化、网络化技术的发展，数字化焊接技术，包括焊接电源数字化、焊接过程数字化和焊接制造数字化等方面得到了突飞猛进的发展。目前，我国机械制造业已进入了一个新的发展阶段，对焊接结构的可靠性提出了更高的要求。传统的手工焊接工艺劳动强度大，焊接可靠性差，补焊频繁，焊接质量不易保证，已难以满足机械产品可靠性及寿命的要求，迫切需要对传统工艺进行彻底改造。大力应用计算机信息技术，对加快焊接程序的编制、缩短现场调试时间及焊接过程中焊机信息的正确获取具有重要的应用价值，极大地提高了我国汽车制造业信息化水平，创造较高的社会效益。目前，随着信息技术的不断发展，ERP 技术越来越被各个行业的企业所接受。该产品可作为 ERP 一个重要的组成部分，对企业治理实现信息化、集成化、柔性化产生积极的作用。建立数字化焊接生产线是对传统焊接工艺的一场革命，必将大大提高机械产品的质量，以满足机械产品寿命的要求；它还将有效提高生产率及新产品适应力，满足产品不断更新换代的要求。

四、智能焊接技术

智能焊接属于智能制造的范畴，是指在焊接加工过程中对相关机器与构件进行智能化、信息化升级。智能焊接仍以“传感—决策—执行”为着眼点，对焊接过程参数进行监测与控制。一方面，智能焊接强调在加工过程中引入信息流，通过安装多种传感器的方式，更全面、具体地获取加工过程信息，从而认识加工过程；另一方面，智能焊接强调信息与人之间的转换与融合，从而实现智能焊接加工系统与系统操作者的无缝人机交互。

(一)“工业 4.0” 架构下的智能焊接技术

“工业 4.0”[①] 中智能焊接技术的实现着力于 CPSS 的基本 5C 架构的各个层次。

1. 智能连接层中智能焊接相关技术

在 CPSS 框架下构建智能焊接系统，对焊接加工过程中信息的准确、有效获取是关键。在焊接加工现场，需要对焊接参数(电流、电压等)、焊接质量(温度场、应力等)、焊道尺寸(焊道宽度、高度等)等信息进行检测。需要在焊接系统中合理部署虚拟传感器(焊接电压、电流、网络通信流量等)和物理传感器(结构光传感器、熔池检测 CCD 传感器、焊道温度传感器等)，并且通过有线或无线的方式组成传感器网络，从而实现对加工过程参数的在线检测。单工位的传感器网络还可以与其他工位传感器网络进行数据实时传输和分享。传感器、传感器网络之间的实时通信，使得多传感器、传感器网络之间的控制、协作变为可能，为实现基于态势数据的获取打下良好基础。例如，针对大型薄壁结构件——多机器人协调焊接曲线焊缝作业时，需要在各机械臂上部署的传感器之间协调通信，这样可以更准确地获取待加工零件信息。

① 工业革命是现代文明的起点，是人类生产方式的根本性变革。德国技术科学院(ACDTECH)等机构提出的前 3 次工业技术革命分别为：18 世纪末蒸汽机的广泛使用，20 世纪初电力的发现及广泛使用，以及 20 世纪中期 PLC(可编程逻辑控制器)和个人计算机的应用。在这 3 次革命性的转变过程中，工业系统的复杂程度和智能化水平逐渐提高，而工业产品的生产周期以及人在工业系统中的参与程度逐渐降低。“工业 4.0”的核心是信息与物理系统的高度融合，以期高智能化、更加复杂的工业系统、更短的产品生产周期和更少量人的参与度。

2. 数据解释层中智能焊接相关技术

在数据解释层中，对实时获取的数据进行信息层次上的转换，从而提高对它的认识。多传感器的数据分析和多源数据融合可有效避免信息冗余和信息不足，提高检测信息的可靠性等。基于直接检测的信息，系统也可以推理出派生的信息，如统计数据的分布、预测数据变化的趋势等。另外，智能焊接系统也根据获取的信息，对加工子系统的健康情况进行实时分析监控，从而实现对焊接过程信息的自主掌控。例如，焊接机构在加工过程中可对焊材（焊丝、保护气）的剩余情况进行监控，从而判断是否可以连续完成一项焊接任务。

3. 信息层中智能焊接相关技术

信息层需要对物理过程进行进一步的认识以及对获取的信息进行管理。通过构建焊接过程模型和焊接相关数据存储模型，智能焊接系统可以对自身操作的性能进行评估，对当前所处状态进行感知。例如，一方面可以对获取信息的可靠性、准确性进行评估，从而决定是否依赖于所获取的信息进行决策；另一方面，根据相关模型，可以通过分析系统在时域下的不同状态来预测未来的状态。例如，对焊道尺寸在线检测，可以通过预测控制算法，提升焊道尺寸控制器性能。另外，通过网络共享、云计算等信息技术，可以获取不同时空状态下的加工参数和过程信息等。例如，通过本地系统访问云空间中的焊接加工工艺参数数据库，不仅能提升系统的智能，也可以实现对自动焊接过程的远程监控、远程操作等。

4. 认知层中智能焊接相关技术

对焊接过程相关知识进行推理和表达以及基于知识的自主决策是焊接走向智能化的有效途径。现阶段，受限于机器的智能水平，焊接过程中的很大一部分问题仍然需要专家操作者做出决策。对此，可通过建立焊接专家系统的方式，在机器中固化一部分专家知识，使得机器可以自主完成比较简单的决策过程。另外，这一过程的实现，需要机器对所获取的知识进行提炼，并且通过可以理解的语言与操作者实现交互，通过人机协同作用共同完成针对复杂任务的决策。例如，增强焊接机器人的在线学习能力，可以模拟操作者在实际加工过程中积累经验的过程。

5. 自主调节层中智能焊接相关技术

针对认知层中推理出的决策信息，自主调节层需要控制执行机构来实现相应的行动。这就要求机器通过一定的控制器自主改变所检测的参数信息。针对焊接过程多干扰、不稳定的因素，控制器的设计应该满足自调节、自适应以及抗干扰等特性。例如，通过监督控制、回弹控制等方式将决策信息演绎出来，实现虚拟世界与物理世界的完美融合。

（二）智能焊接发展趋势

智能焊接技术是“工业 4.0”体系中的重点发展方向之一。“工业 4.0”体系强调工业制造业、产品和服务的全方位交叉渗透。智能焊接系统需要对焊接机器和构件进行智能化集成，从而实现全流程的协同制造。目前，焊接系统的智能化水平仍然有限，制造业用的工业焊接机器人仍停留在示教再现阶段。对智能焊接的初步研究也局限于针对焊接过程中某一参数的控制。在未来一段时间内，智能焊接的发展趋势主要体现在以下几个方面。

1. 多种传感手段的使用

在焊接加工现场部署多传感器，对焊接过程的上下文信息进行在线检测，包括加工过程相关参数、加工环境信息、操作者状态以及机器健康状态。尤其是通过机器对全方位信息检测和预测，是机器进行自我感知和情景感知的前提条件。

2. 加工数据的管理与共享

针对不同来源、多种类数据的管理与分析，可以有效提高关键信息的可靠性和准确性。另外，通过数据共享，与“大数据”“云计算”等信息技术相结合，可快速制订焊接加工方案，并实现焊接加工的遥控操作、监督控制。

3. 机器智能的实现

机器智能的实现主要依托于计算机技术、信息技术等的发展。一方面，将焊接知识和人的经验进行规则化，转化为机器可以理解的语言，使得机器具有理解焊接加工问题的能力。另一方面，以此为基础，制定合适的推理规则和算法，使得机器具备对简单问题决策的能力。

4. 良好的人机交互

智能焊接系统应该通过合理的手段与操作者进行“对话”，使得人和机器各自发挥所长。促进人与机器之间的合作，从而提高焊接系统解决复杂问题的能力。更进一步说，智能机器与人的交互过程应该是建立在机器对操作者当前状态感知的前提下的。机器需要针对操作者不同的工作状态、疲劳程度以及业务熟练程度采取不同的交互策略和自主等级。

5. 柔性化、个性化焊接服务的制定与实现

通过灵活的焊接系统集成方案，为用户提供个性化的焊接加工服务是“工业 4.0”体系所强调的一个发展趋势。通过基于焊接的增材制造技术的发展，可以有效缩短产品生产周期，并且降低加工制造成本。另外，柔性化加工促进了“云工厂”概念的实现，可以通过共享焊接加工流水线的方式，利用空闲加工设备，实现

绿色、高效、人性化的焊接加工服务。

6. 统一焊接设备的通信接口

在智能焊接系统中，要求机器与机器、人与机器之间建立紧密通信。这就需要确定相应的通信标准，与整个“工业4.0”体系的通信标准相一致，从而促进分布式的多智能焊接加工平台的发展。另外，统一的通信标准可以促进传感器、控制器、数字化焊机等数据终端的即插即用，有效缩短焊接系统的编制时间。

7. 信息安全需要全面升级

在焊接加工过程的信息化升级过程中，网络、信息和数据的安全性需要得到高度重视。发展信息安全防护技术，可以防止用户的相关信息和企业加工关键技术的泄露，并且防止通过网络漏洞进行的恶意攻击，从而保障加工过程的顺利进行。

第二节　元器件的引线加工

一、电子元器件概述

电子元器件是电子元件和小型的机器、仪器的组成部分，其本身常由若干零件构成，可以在同类产品中通用；常指电器、无线电、仪表等工业产品的某些零件，是电容、晶体管、游丝、发条等电子器件的总称，常见的有二极管等。

电子元器件包括：电阻、电容、电感、电位器、电子管、散热器、机电元件、连接器、半导体分立器件、电声器件、激光器件、电子显示器件、光电器件、传感器、电源、开关、微特电机、电子变压器、继电器、印制电路板、集成电路、各类电路、压电、晶体、石英、陶瓷磁性材料、印刷电路用基材基板、电子功能工艺专用材料、电子胶（带）制品、电子化学材料及制品等。

电子元器件在质量方面国际上有欧盟的CE认证，美国的UL认证，德国的VDE和TUV认证以及中国的CQC认证等国内外认证，来保证元器件的合格。

二、电子元器件的发展史

电子元器件发展史其实就是一部浓缩的电子发展史。电子技术是19世纪末20世纪初开始发展起来的新兴技术，20世纪发展最迅速，应用最为广泛，成为近代科学技术发展的一个重要标志。

1906年，美国发明家德福雷斯特（De Forest Lee）发明了真空三极管(电子管)。第一代电子产品以电子管为核心。20世纪40年代末，世界上诞生了第一只半导体三极管，它以小巧、轻便、省电、寿命长等特点被广泛应用，在很大范围内取代了电子管。20世纪50年代末期，世界上出现了第一块集成电路，它把许多晶体管等电子元件集成在一块硅芯片上，使电子产品向更小型化发展。集成电路从小规模集成电路迅速发展到大规模集成电路和超大规模集成电路，从而使电子产品向着高效能低消耗、高精度、高稳定、智能化方向发展。由于电子计算机发展经历的四个阶段恰好能够充分说明电子技术发展四个阶段的特性，所以下面就从电子计算机发展的四个时代来说明电子技术发展的四个阶段的特点。

在20世纪出现并得到飞速发展的电子元器件工业促使整个世界和人们的工作、生活习惯发生了翻天覆地的变化。电子元器件的发展历史实际上就是电子工业的发展历史。

1906年，美国人德福雷斯特发明真空三极管，用来放大电话的声音电流。此后，人们强烈地期待着能够诞生一种固体器件，用来作为质量轻、价格廉和寿命长的放大器和电子开关。1947年，点接触型锗晶体管的诞生，在电子器件的发展史上翻开了新的一页。但是，这种点接触型晶体管在构造上存在着接触点不稳定的致命弱点。在点接触型晶体管开发成功的同时，结型晶体管论就已经提出，但是直至人们能够制备超高纯度的单晶以及能够任意控制晶体的导电类型以后，结型晶体管才真正得以出现。1950年，具有使用价值的最早的锗合金型晶体管诞生。1954年，结型硅晶体管诞生。此后，人们提出了场效应晶体管的构想。随着无缺陷结晶和缺陷控制等材料技术、晶体外诞生长技术和扩散掺杂技术、耐压氧化膜的制备技术、腐蚀和光刻技术的出现和发展，各种性能优良的电子器件相继出现，电子元器件逐步从真空管时代进入晶体管时代和大规模、超大规模集成电路时代，逐步形成作为高技术产业代表的半导体工业。

由于社会发展的需要，电子装置变得越来越复杂，这就要求电子装置必须具有可靠性、速度快、消耗功率小以及质量轻、小型化、成本低等特点。自20世纪50年代提出集成电路的设想后，由于材料技术、器件技术和电路设计等综合技术的进步，在20世纪60年代研制成功了第一代集成电路。在半导体发展史上：集成电路的出现具有划时代的意义：它的诞生和发展推动了铜芯技术和计算机的进步，使科学研究的各个领域以及工业社会的结构发生了历史性变革。凭借优越的科学技术所发明的集成电路使研究者有了更为先进的工具，进而产生了许多更为先进的技术。这些先进的技术又进一步促使更高性能、更廉价的集成电路的出现。对电子器件来说，体积越小，集成度越高；响应时间越短，计算处理的速度就越快；传送频率就越高，传送的信息量就越大。半导体工业和半导体技术被称为现代工业的基础，同时也已经发展成为一个相对独立的高科技产业。

三、电子元器件的引线加工

电子元器件的种类繁多，外形各异，引出线也多种多样，所以印制电路板的组装方法也就各有差异。必须根据产品的结构特点、装配密度以及产品的使用方法和要求来决定其组装方法。元器件装配到基板之前，一般都要先进行加工处理，然后再进行插装。良好的成形及插装工艺，不但能使机器性能稳定、防振、减少损坏，还能使机内整齐美观。在安装前，根据安装位置的特点及技术方面的要求，要预先把元器件引线弯曲成一定的形状，使元器件在印制电路板上的装配排列整齐，并便于安装和焊接，提高装配质量和效率，增强电子设备的防振性和可靠性。

(一) 元器件引线的预加工处理

由于元器件引线的可焊性，虽然在制造时就有这方面的技术要求，但因生产工艺的限制，加上包装、储存和运输等中间环节耗时较长，使得引线表面产生氧化膜，导致引线的可焊性严重下降，因此元器件引线在成形前必须进行加工处理。

元器件引线预加工处理主要包括引线的校直、表面清洁及上锡三个步骤。要求引线经过处理后不允许有伤痕，且镀锡层均匀、表面光滑、无毛刺和残留物。

(二) 引线成形的基本要求

引线成形工艺就是根据焊点之间的距离，将引线做成需要的形状，目的是使它能迅速而准确地插入孔内，其基本要求如下。

(1) 元件引线开始弯曲处离元件端面的最小距离应不小于

2mm。

(2) 弯曲半径不应小于引线直径的 2 倍。

(3) 引线成形后，元器件本体不应产生破裂，表面封装不应损坏，引线弯曲部分不允许出现模印、压痕和裂纹。

(4) 引线成形后，其直径的减小或变形不应超过 10%，其表面镀层剥落的长度不应大于引线直径的 1/10。

(5) 元件标称值应处在便于查看的位置。

(6) 怕热元件要求增长引线，成形时应进行绕环。

(7) 引线成形后的元器件应放在专门的容器中保存，元器件型号、规格和标志应向上[①]。

(三) 元器件引线镀金层清除

引线镀金层过厚，焊接后在焊料与引线基材之间仍保留一层未被焊料融熔的镀金层，经历一段时间，金层与焊料中的锡形成金锡合金，呈暗红色，结合强度甚低，可使引线在焊点中呈虚焊状态。引线表面镀金层大于 2.5um，需经两次搪锡处理，小于 2.5um，应进行一次搪锡处理。

① 陈力 . 半导体元器件引线框架封装之分层研究 [J]. 电子世界，2019(01)：63，65.

第四章 电子元件

第一节 电子元件概述

电子元器件是在电路中具有独立电气功能的基本单元，是实现电路功能的主要部件，是电子产品的核心部件。任何一部电子产品都是由各种所需的电子元器件组成电路，从而实现相应的功能。

电子元器件的发展经历了以电子管为核心的经典电子元器件时代和半导体分离器件为核心的小型化电子元器件时代，目前已进入以高频和高速处理集成电路为核心的微电子元器件时代，如表4-1所示。

表4-1 电子元器件的发展阶段

发展阶段	经典电子元器件	小型化电子元器件	微电子元器件
核心有源器件	电子管	半导体分立器件（含低频低速集成电路）	高频高速处理集成电路
整机装联工艺	以薄铁板为支撑，通过管座和支架利用引线和导线将元器件连接起来，并采用手工钎焊装联	以插装方式将元器件安装在有通孔的印制电路板上。印制电路板既作为支撑又用其铜图形作导体连接各	以表面（SMT）和芯片尺寸贴装（CSP）等方式将元器件安装在相应的印制电路板

续 表

发展阶段	经典电子元器件	小型化电子元器件	微电子元器件
		种元器件。采用手工和自动插装机及波峰焊为主	(表面贴装和高密度互连印制电路板）上；采用自动贴装或智能化混合安装及再流焊、双波峰焊设备等装联设备
电子元器件技术与生产特点	高电压、大体积、类型和品种少、长引线或管座、结构简单；生产规模小，年生产规模以万计；以工、夹具和简单机械设备方式生产	小型化、低电压、高可靠、高稳定、类型和品种大幅增多；出现功能性和组合元器件，年生产规模多以亿计；产品和零部件专业化生产	小型化，适用于表面安装。高频特性好、宽带、一致性、高可靠、高稳定、高精度、低功耗、多功能、组件化、智能化、模块化：具有尽可能小的寄生参数，有固定阻抗、EMI/RF要求；类型、品种之间及其消长关系有新的规律；年生产规模多以十亿、百亿计；自动生产环境有不同的净化要求；零部件、工序的专业化

微电子元器件包括集成电路、混合集成电路、片式和扁平式元件和机电组件、片式半导体分立器件等。微电子是指采用微细工艺的集成电路，随着集成电路集成度和复杂度的大幅提高、线宽越来越细和铜导线的利用，其基频和处理速度也大幅提高，在

电子线路中其周边的其他元器件必然有相应速率的处理速度，才能完成各自所承担的功能，需要通过整个设备及系统来分析元器件的发展[①]。

上述对电子元器件的发展阶段的划分是2001年提出的。但近年来，电子技术和电子产业的发展很快，新技术、新产品不断涌现，尤其是随着智能化产品和系统越来越普及，智能化时代已经到来。同时，由于量子技术也有了新突破，信息技术有可能进入“量子时代”。

第二节　电阻器

各种导体材料对通过的电流总呈现一定的阻碍作用，并将电流的能量转换成热能，这种阻碍作用称为电阻，具有电阻性能的实体元件称为电阻器。加在电阻器两端的电压U与通过电阻器的电流I之比称为该电阻器的电阻值R，单位为Ω，电阻器一般分为固定电阻器、敏感电阻器和电位器（可变电阻器）三大类。

一、固定电阻器

阻值固定、不能调节的电阻器称为固定电阻器。电阻是耗能元件，在电路中用于分压、分流、滤波、耦合、负载等。

电阻器按照其制造材料的不同，又可分为碳膜电阻（用RT表示）、金属膜电阻（用RJ表示）和线绕电阻（用RX表示）等数种。碳膜电阻器是通过气态碳氢化合物在高温和真空中分解，碳

① 汤木坤．电子元件手工焊接技术浅析[J]．亚太教育，2019（08）：145-146.

微粒形成一层结晶膜沉积在磁棒上制成的。它采用刻槽的方法控制电阻值，其价格低，应用普遍，但热稳定性不如金属膜电阻好。金属膜电阻器是在真空中加热合金至蒸发，使磁棒表面沉积出一层导电金属膜而制成的。通过刻槽或改变金属膜厚度，可以调整其电阻值。这种产品体积小、噪声小，稳定性良好，但成本略高。线绕电阻是用康铜丝或锰铜丝缠绕在绝缘骨架上制成的，它具有耐高温、精度高、功率大等优点，在低频的精密仪表中应用广泛。

（一）型号命名方法

国产电阻器的型号命名一般由四个部分组成，分别代表名称、材料、分类和序号。

第一部分为名称，电阻器用 R 表示。

第二部分为材料，用字母表示电阻器的导电材料。

第三部分为分类，一般用数字表示，个别类型用字母表示。

第四部分为序号，表示同类产品的不同品种。

（二）主要特性参数

电阻器的主要特性参数有标称阻值、允许误差和额定功率等。

1. 标称阻值

标称阻值是在电阻器上标注的电阻值。目前，电阻器标称阻值有三大系列：E24、E12、E6，其中 E24 系列最全。

电阻值的基本单位是“欧姆”，用字母“Ω”表示，此外，常用的还有千欧（kΩ）和兆欧（MΩ）。它们之间的换算关系为：$1M\Omega=10^3k\Omega=10^6\Omega$。

2. 允许误差

标称阻值与实际阻值的差值跟标称阻值之比的百分数称为阻值偏差，它表示电阻器的精度。误差越小，电阻精度越高。电阻器误差用字母或级别表示，如表 4-2 所示。

表 4-2　字母表示误差的含义

文字符号	误差 /%	文字符号	误差 /%	文字符号	误差 /%
Y	+0.001	W	± 0.05	G	± 2
X	± 0.002	B	± 0.1	J	± 5(Ⅰ级)
E	± 0.005	C	± 0.25	K	± 10(II 级)
L	± 0.01	D	± 0.5	M	± 20(Ⅲ级)
P	± 0.02	F	± 1	N	± 30

3. 额定功率

额定功率是在正常的大气压为 90 ~ 106.6kPa 及环境温度为 −55℃ ~ 70℃的条件下，电阻器长期工作而不改变其性能所允许承受的最大功率。电阻器额定功率的单位为“瓦”，用字母“W”表示。

电阻器常见的额定功率一般分为 1/8W、1/4W、1/2W、1W、2W、3W、4W、5W、10W 等，其中 1/8W 和 1/4W 的电阻较为常用。可以看出，额定功率值在 1W 以上的用罗马数字表示。

（三）标注方法

1. 直标法

直标法是将电阻器的主要参数直接标注在电阻器表面的标

志方法。允许误差直接用百分数表示，若电阻器上未标注偏差，则其偏差均为 ±20%。

2. 文字符号法

文字符号法是用数字和文字符号两者有规律的组合来表示标称阻值的标志方法，其允许误差也用文字符号表示。符号 Ω、k、M 前面的数字表示阻值的整数部分，后面的数字分别表示第一位小数阻值和第二位小数阻值。如标识为 5k7 中的 k 表示电阻的单位为 kΩ，即该电阻器的阻值为 5.7 kΩ。

3. 数码法

数码法是采用三位数字来表示标称值的标志方法。数字从左到右，第一、二位为有效数字，第三位为指数，即“0”的个数，单位为“欧姆”，允许误差采用文字符号表示。如标识为 222 的电阻器，其阻值为 2200Ω，即 2.2kΩ；标识为 105 的电阻器，其阻值为 1000000Ω，即 1 MΩ。

4. 色标法

色标法是采用不同颜色的带或点在电阻器表面标出标称值和允许误差的标志方法。色标法多用于小功率的电阻器，特别是 0.5W 以下的金属膜和碳膜电阻器较为普遍，可分为三环、四环和五环 3 种。

三环表示法的前两位表示有效数字，第三位表示乘数；四环表示法的前两位表示有效数字，第三位表示乘数，第四位表示允许误差；五环表示法的前三位表示有效数字，第四位表示乘数，第五位表示允许误差。

对于色标法，首色环的识别很重要，判断方法有以下几种。

（1）首色环与第二色环之间的距离比末位色环与倒数第二色环之间的间隔要小。

（2）金、银色环常用来表示电阻误差，即金、银色环一般放在末位。

（3）与末位色环的位置相比，首位色环更靠近引线端，因此可以利用色环与引线端的距离来判断哪个是首色环。

（4）如果电阻上没有金、银色环，并且无法判断哪个色环更靠近引线端，可以用万用表检测实际阻值，根据测量值可以判断首位有效数字及乘数。

（四）电阻器的测量

电阻的识别是在电阻上标志完整的情况下进行的，但有时也会遇到电阻上无任何标记，或要对某些未知的电阻进行测量等情况，此时就要进行电阻的测量。电阻测量的方法有3种：万用表测量法、直流电桥测量法、伏安表测量法。本书将对万用表测量法进行详细介绍。万用表是测量电阻的常用仪表，万用表测量电阻法也是常用的测量方法，它具有测量方便、灵活等优点，但其测量精度低。所以，在需要精确测量电阻时，一般采用直流电桥进行测量[①]。

用万用表测量电阻时应注意以下几点。

1. 测量前万用表欧姆挡调零

万用表欧姆挡调零就是在万用表选择“Ω”挡后，将万用表的红、黑表笔短接，调节万用表，使万用表显示为“0”。将万用表欧姆挡调零是测量电阻值之前必不可少的步骤。而万用表每个挡都要进行调零处理，否则在测量时会出现较大的误差。

① 李艳丽．电阻器的种类及识别[J]．农业科技与装备，2013(01)：46-47，50.

2. 选择适当的量程

由于万用表有多个欧姆挡，所以在测量时要恰当选择测量挡。如万用表有 200 Ω、2k Ω、20k Ω 等几个挡，则测量电阻时应选择与被测电阻值最相近且高于其阻值的欧姆挡。例如，测量 680 Ω 的电阻，应选择 2k Ω 的挡最为合适。

3. 注意测量方法

在进行电阻测量时，手不能同时触及电阻引出线的两端，特别是测量阻值比较大的电阻时，否则会由于手的电阻并入而造成较大的测量误差；在进行小阻值电阻测量时，应特别注意万用表表笔与电阻引出线是否接触良好，如有必要应用砂纸将被测量电阻引脚处的氧化层擦去，然后再进行测量，否则也会因氧化层造成接触不良而引起较大的测量误差。电阻在进行在线测量时，应在断电的情况下进行，并将电阻的一端引脚从电路板上拆焊下来，然后再进行测量。

二、敏感电阻器

敏感电阻器是指其阻值对某些物理量（如温度、电压等）表现敏感的电阻器，其型号命名一般由 3 个部分组成，分别代表名称、用途、序号。

（一）压敏电阻器

压敏电阻器是使用氧化锌作为主材料制成的半导体陶瓷器件，是对电压变化非常敏感的非线性电阻器。在一定温度和一定的电压范围内，当外界电压增大时，其阻值减小；当外界电压减小时，其阻值反而增大，因此，压敏电阻器能使电路中的电压始终保持稳定。其常用于电路的过压保护、尖脉冲的吸收、消噪等，使电路得到保护。

压敏电阻器用数字表示型号分类中更细的分类号。

压敏电压用3位数字表示，前两位数字为有效数字，第三位数字表示0的个数。如390表示39 V，391表示390V。

瓷片直径用数字表示，单位为mm，分为5 mm、7 mm、10 mm、14 mm、20 mm等。

电压误差用字母表示，J表示 ±5%、K表示 ±10%、L表示 ±15%、M表示 ±20%。

例如，MYD07K680表示标称电压为68V，电压误差为 ±10%，瓷片直径为7mm的通用型压敏电阻器；MYG20G05K151表示压敏电压（标称电压）为150V，电压误差为 ±10%，瓷片直径为5mm，而且是浪涌抑制型压敏电阻器。

（二）热敏电阻器

热敏电阻器是用热敏半导体材料经一定的烧结工艺制成的，这种电阻器受热时，阻值会随着温度的变化而变化。热敏电阻器有正、负温度系数型之分。正温度系数型电阻器随着温度的升高，其阻值增大；负温度系数型电阻器随着温度的升高，其阻值反而下降。

1. 正温度系数热敏电阻器

当温度升高时，其阻值也随之增大，而且阻值的变化与温度的变化成正比，当其阻值增大到最大值时，阻值将随温度的增加而开始减小。正温度系数热敏电阻器随着产品品种的不断增加，应用范围也越来越广，除了用于温度控制和温度测量电路外，还大量应用于电视机的消磁电路、电冰箱、电熨斗等家用电器中。

2. 负温度系数热敏电阻器

它的最大特点为阻值与温度的变化成反比，即阻值随温度的升高而降低，当温度大幅升高时，其阻值也大幅下降。负温度系数热敏电阻器的应用范围很广，如用于家电类的温度控制、温度测量、温度补偿等。空调器、电冰箱、电烤箱、复印机的电路中普遍采用了负温度系数热敏电阻器。

（三）光敏电阻器

光敏电阻器是用光能产生光电效应的半导体材料制成的电阻。光敏电阻器的种类很多，根据光敏电阻器的光敏特性，可将其分为可见光光敏电阻器、红外光光敏电阻器及紫外光光敏电阻器。根据光敏层所用半导体材料的不同，又可分为单晶光敏电阻器与多晶光敏电阻器。

光敏电阻器的最大特点是对光线非常敏感，电阻器在无光线照射时，其阻值很高，当有光线照射时，阻值很快下降，即光敏电阻器的阻值是随着光线的强弱而发生变化的。光敏电阻器的应用比较广泛，其主要用于各种光电自动控制系统，如自动报警系统、电子照相机的曝光电路，还可以用于非接触条件下的自动控制等。

光敏电阻器在未受到光线照射时的阻值称为暗电阻，此时流过的电流称为暗电流。在受全光线照射时的电阻称为亮电阻，此时流过的电流称为亮电流。亮电流与暗电流之差称为光电流。一般暗电阻越大，亮电阻越小，则光敏电阻器的灵敏度越高。光敏电阻器的暗电阻值一般在兆欧数量级，亮电阻值则在几千欧以下。暗电阻与亮电阻之比一般为 $10^2 \sim 10^6$。

由于光敏电阻器对光线特别敏感，有光线照射时，其阻值迅速减小；无光线照射时，其阻值为高阻状态。因此，在选择时，应首先确定控制电路对光敏电阻器的光谱特性有何要求，到底是选用可见光光敏电阻器还是选用红外光光敏电阻器。另外，选择光敏电阻器时还应确定亮阻、暗阻的范围。此项参数的选择是关系到控制电路能否正常运行的关键，因此必须予以认真确定。

（四）湿敏电阻器

湿敏电阻器是对湿度变化非常敏感的电阻器，能在各种湿度环境中使用。它是将湿度转换成电信号的换能器件。正温度系数湿敏电阻器的阻值随湿度的升高而增大，在录像机中使用的就是正温度系数湿敏电阻器。

按阻值变化的特性可将其分为正温度系数湿敏电阻器和负温度系数湿敏电阻器。按其制作材料又可分为陶瓷湿敏电阻器、高分子聚合物湿敏电阻器和硅湿敏电阻器等，其特点有如下几个方面。

(1) 湿敏电阻器是对湿度变化非常敏感的电阻器，能在各种湿度环境中使用。

(2) 它是将湿度转换成电信号的换能元件。

(3) 正温度系数湿敏电阻器的阳值随湿度升高而增大，如在录像机中使用的就是正温度系数湿敏电阻器。

(4) 湿敏元件能反映环境湿度的变化，并通过元件材料的物理或化学性质的变化，将湿度变化转换成电信号。对湿敏元件的要求是，在各种气体环境湿度下的稳定性好，寿命长，耐污染，受温度影响小，响应时间短，有互换性，成本低等。

湿敏电阻器的选用应根据不同类型的不同特点以及湿敏电阻器的精度、湿度系数、响应速度、湿度量程等进行选择。例如，陶瓷湿敏电阻器的感湿温度系数一般只在0.07%RH/℃左右，可用于中等测湿范围的湿度检测，可不考虑湿度补偿。如MSC—1型、MSC—2型则适用于空调器、恒湿机等。

三、电位器

可变电阻器是指其阻值在规定的范围内可任意调节的变阻器，它的作用是改变电路中电压、电流的大小。可变电阻器可以分为半可调电阻器和电位器两类。半可调电阻器又称微调电阻器，它是指电阻值虽然可以调节，但在使用时经常固定在某一阻值上的电阻器。这种电阻器一经装配，其阻值就固定在某一数值上，如晶体管应用电路中的偏流电阻器。在电路中，如果须做偏置电流的调整，只要微调其阻值即可。电位器是在一定范围内阻值连续可变的一种电阻器。

(一) 电位器的主要参数

电位器的主要参数有标称阻值、零位电阻、额定功率、阻值变化特性、分辨率、滑动噪声、耐磨性和温度系数等。

1. 标称阻值、零位电阻和额定功率

电位器上标注的阻值称为标称阻值，即电位器两定片端之间的阻值；零位电阻是指电位器的最小阻值，即动片端与任一定片端之间的最小阻值；电位器额定功率是指在交、直流电路中，当大气压为87～107 kPa时，在规定的额定温度下，电位器长期连续负荷所允许消耗的最大功率。

2. 电位器的阻值变化特性

阻值变化特性是指电位器的阻值随活动触点移动的长度或转轴转动的角度变化而变化的关系，即阻值输出函数特性。常用的函数特性有3种，即指数式、对数式、线性式。

3. 电位器的分辨率

电位器的分辨率也称分辨力。对线绕电位器来讲，当动接触点每移动一圈时，其输出电压的变化量与输出电压的比值即为分辨率。直线式绕线电位器的理论分辨率为线绕总匝数的倒数，并以百分数表示。电位器的总匝数越多，分辨率越高。

4. 电位器的动噪声

当电位器在外加电压作用下，其动接触点在电阻体上滑动时，产生的电噪声称为电位器的动噪声。动噪声是滑动噪声的主要参数，其大小与转轴速度、接触点和电阻体之间的接触电阻、电阻体电阻率的不均匀变化、动接触点的数目以及外加电压的大小有关。

（二）常用的电位器

1. 合成碳膜电位器

合成碳膜电位器的电阻体是用碳膜、石墨、石英粉和有机粉合剂等配成一种悬浮液，涂在玻璃釉纤维板或胶纸上制作而成的。其制作工艺简单，是目前应用最广泛的电位器。合成碳膜电位器的优点是阻值范围宽，分辨率高，并且能制成各种类型的电位器，寿命长，价格低，型号多，其缺点为功率不太高，耐高温性差，耐湿性差，且阻值低的电位器不容易制作。

2. 有机实芯电位器

有机实芯电位器是一种新型电位器，它是用加热塑压的方式，将有机电阻粉压在绝缘体的凹槽内。有机实芯电位器与碳膜电位器相比，具有耐热性好、功率大、可靠性高、耐磨性好的优点。但其温度系数大，动噪声大，耐湿性能差，且制造工艺复杂，阻值精度较差。这种电位器常在小型化、高可靠、高耐磨性的电子设备以及交、直流电路中用于调节电压、电流。

3. 金属膜电位器

金属膜电位器是由金属合成膜、金属氧化膜、金属合金膜和氧化铝膜等几种材料经过真空技术沉积在陶瓷基体上制作而成的。其优点是耐热性好，分布电感和分布电容小，噪声电动势很低。其缺点是耐磨性不好，组织范围小（10 Ω ~ 100 k Ω）。

4. 线绕电位器

线绕电位器是将康铜丝或镍铬合金丝作为电阻体，并把它绕在绝缘骨架上制成的。线绕电位器的优点是接触电阻小，精度高，温度系数小。其缺点是分辨率差，阻值偏低，高频特性差，其主要用作分压器、变压器、仪器中调零和调整工作点等。

5. 数字电位器

数字电位器取消了活动件，形成一个半导体集成电路，其优点为调节精度高，没有噪声，有极长的工作寿命，无机械磨损，数据可读 / 写，具有配置寄存器和数据寄存器，以及多电平量存储功能，易于用软件控制，且体积小，易于装配。它适用于家庭影院系统、音频环绕控制、音响功放和有线电视设备。

（三）电位器的测量

1. 电位器标称阻值的测量

电位器有 3 个引线片，即两个端片和一个中心抽头触片。测量其标称阻值时，应选择万用表欧姆挡的适当量程，将万用表两表笔搭在电位器两端片上，万用表指针所指的电阻数值即为电位器的标称阻值。

2. 性能测量

性能测量主要是测量电位器的中心抽头触片与电阻体接触是否良好。测量时，将电位器的中心触片旋转至电位器的任意一端，并选择万用表欧姆挡的适当量程，将万用表的一支表笔搭在电位器两端片的任意一片上，另一支表笔搭在电位器的中心抽头触片上。此时，万用表上的读数应为电位器的标称阻值或为0。然后缓慢旋转电位器的旋钮至另一端，万用表的读数会随着电位器旋钮的转动从标称阻值开始连续不断地下降或从0开始连续不断地上升，直到下降为零或上升到标称阻值。

第三节　电容器

电容器是一个储能元件，用字母C表示。顾名思义，电容器就是“储存电荷的容器”。尽管电容器品种繁多，但它们的基本结构和原理是相同的，两片相距很近的金属中间被某物质（固体、气体或液体）所隔开，就构成了电容器。两片金属称为极板，中间的物质叫作介质。电容器在电路中具有隔断直流电、通过交流电的作用，常用于耦合、滤波、去耦、旁路及信号调谐等方面，它是电子设备中不可缺少的基本元件。

一、电容器的种类及符号

电容器可分为固定式电容器和可变式电容器两大类。固定式电容器是指电容量固定不能调节的电容器，而可变式电容器的电容量是可以调节变化的。按其是否有极性来分类，可分为无极性电容器和有极性电容器。常见的无极性电容器按其介质的不同，又可分为纸介电容器、油浸纸介电容器、金属化纸介电容器、有机薄膜电容器、云母电容器、玻璃釉电容器和陶瓷电容器等。有极性电容器按其正极材料的不同，又可分为铝电解电容器、钽电解电容器和铌电解电容器。

电容器的常用标注单位有：法拉（F）、微法（μF）、皮法（pF），也有使用 mF 和 nF 单位进行标注的。它们之间的换算关系为：

$1F=10^3 mF=10^6 \mu F=10^9 nF=10^{12} pF$

二、电容器的主要参数

电容器的主要参数有标称容量、允许误差、额定电压、频率特性、漏电电流等。

（一）电容器的标称容量、允许误差

电容器上标注的电容量被称为标称容量。在实际应用时，电容量在 10^4 pF 以上的电容器，通常采用 μF 为单位，常见的容量有 0.047 μF、0.1 μF、2.2μF、330 μF、4700 μF 等。电容量在 10^4pF 以下的电容器，通常用 pF 为单位，常见的电容量有 2 pF、68 pF、100 pF、680 pF、5600 pF 等。

电容器标称容量与实际容量的偏差称为误差，在允许的偏差范围内称为精度。

（二）额定电压

额定电压是指在规定的温度范围内，电容器在电路中长期稳定地工作所允许加载的最高直流电压。如果电容器工作在交流电路中，则交流电压的峰值不得超过其额定电压，否则电容器中的介质会被击穿造成电容器损坏。一般电容器的额定电压值都标注

在电容器外壳上。常用固定电容器的直流电压系列有 1.6 V、4 V、6.3 V、10 V、16 V、25 V、32 V、40 V、50 V、63 V、100 V、125 V、160 V、250 V、300 V、400 V、450 V、500 V、630 V 及 100 V。

（三）频率特性

频率特性是指在一定的外界环境温度下，电容器所表现出的电容器的各种参数随着外界施加的交流电的频率不同而表现出不同性能的特性。对于不同介质的电容器，其适用的工作频率也不同。例如，电解电容器只能在低频电路中工作，而高频电路只能用容量较小的云母电容器等[①]。

（四）漏电电流

理论上电容器有隔直通交的作用，但有些时候，如在高温、高压等情况下，当给电容器两端加上直流电压后仍有微弱电流流过，这与绝缘介质的材料密切相关。这一微弱的电流被称作漏电电流，通常电解电容的漏电电流较大，云母或陶瓷电容的漏电电流相对较小。漏电电流越小，电容的质量就越好。

三、电容器的标注方法

电容器的标注方法主要有直标法、色标法和文字符号法三种。

（一）直标法

直标法是将电容器的容量、耐压及误差直接标注在电容器外

---

① 徐波，金灵华. 复合材料在超级电容器电极材料中的应用 [J]. 汽车工艺与材料，2021（07）：49–60.

壳上的标志方法，其中，误差一般用字母来表示，常见的表示误差的字母有 J（±5%）和 K（±10%）等。例如，CT1—0.22 μF—63 V 表示圆片形低频瓷介电容器，电容量为 0.22μF，额定工作电压为 63 V; CA30—160 V—2.2 μF 表示液体钽电解电容器，额定工作电压为 160 V，电容量为 2.2 μF。

（二）色标法

电容器色标法的原则及色标意义与电阻器色标法基本相同，其单位是皮法（pF）。色码的读码方向是从顶部向引脚方向读。色码的表示方法与 3 位数字的表示方法相同，只不过是用颜色表示数字。

小型电解电容器的耐压也有用色标法标识的，位置靠近正极引出线根部的颜色所表示的意义分别为：黑、棕、红、橙、黄、绿、蓝、紫、灰色表示的耐压值分别为 4 V、6.3 V、10 V、16 V、25 V、32 V、40 V、50 V、63 V。

（三）文字符号法

文字符号法是指用数字和字母符号两者的有规律组合标注在电容器表面来表示其标称容量。电容器用文字符号法标注时应遵循下面的规则。

(1) 凡不带小数点的数值，若无标志单位，则单位为 pF。例如，2200 表示 2200 pF。

(2) 凡带小数点的数值，若无标志单位，则单位为 μF。例如，0.56 表示 0.56 μF。

(3) 对于 3 位数字的电容量，前两位数字表示标称容量值，最后一位数字为倍率符号，单位为 pF，第三位数字代表倍率，即有效数字后面0的个数；而当第三位数字为9时比较特殊，表示倍率为10^{-1}。例如，103标称容量为10×10^3pF=0.01μF，334标称容量为33×10^4pF=0.33μF，479标称容量为47×10^{-1}pF=4.7 pF。

(4) 许多小型的固定电容器体积较小，为便于标注，习惯上省略其单位，标注时单位符号的位置代表标称容量有效数字中小数点的位置。例如，p33=0.33pF，33n=33000pF=0.033μF，3μ3=3.3μF。

四、电容器的测量

电容器的测量包括对电容器容量的测量和电容器的好坏判断。电容器容量的测量主要用数字仪表进行。电容器的好坏判断一般用万用表进行，并视电容器容量的大小选择万用表的量程。判断电容器的好坏是根据电容器接通电源时瞬时充电，在电容器中有瞬时充电电流流过的原理进行的。

数字万用电表的蜂鸣器挡内装有蜂鸣器，当被测线路的电阻小于某一数值时(通常为几十欧，视数字万用表的型号而定)，蜂鸣器即发出声响。

数字万用电表的红表笔接电容器的正极，黑表笔接电容器的负极，此时，能听到一阵短促的蜂鸣声，声音随即停止，同时显示溢出符号“1”。这是因为刚开始对被测电容充电时，电容较大，相当于通路，所以蜂鸣器发声；随着电容器两端的电压不断升高，充电电流迅速减小，蜂鸣器停止发声。

(1) 若蜂鸣器一直发声，则说明电解电容器内部短路。

(2) 电容器的容量越大，蜂鸣器发声的时间越长。当然，如果电容值低于几个微法，就听不到蜂鸣器的响声了。

(3) 如果被测电容已经充好电，测量时也听不到响声。

五、低压智能电容器

随着我国电力应用和现代工业的不断发展，感性负载的设备大量应用于现代工业当中，同时伴随着我国的电力行业对电能质量的要求也越来越高，提高功率因数、解决三相用电不平衡和谐波治理等都是电能质量重要的考核因素。功率因数低意味着线路上不但要承载用电设备有功电流，也要承载无功电流，因为线路阻抗的存在，所以线路就要多消耗因无功电流而引起的有功损耗。因无功电流的存在，使得线路的实际电流比有功电流要大，从而增加了线路的损耗。在实际电力应用中，都需要在用电侧就地安装智能电容器或者静止无功发生器或传统电容器补偿无功功率，提高功率因数，降低线路和变压器损耗，从而达到节省能源、提高电能质量的效果。

(一) 智能电容器的主要条件

智能电容器的主要元件包括主芯片、通信芯片、显示屏、电源、磁保持继电器、电容等。

智能电容器采用智能化、模块化设计思想，使用 DSP 芯片或者 MCU 芯片实现各种投切策略和投切机制，采用 RS485 通信芯片实现各电容器之间的通信传输。智能电容器与智能电容器之间可以自动自组网，利用各自唯一的 UID 和完善的抢主机通信机制，可以迅速地确定主机，其余的智能电容器则成为从机；也可以通过无功补偿控制器与智能电容器通信连接，由无功补偿控制器控制所有智能电容器的投切顺序。在有无功补偿控制器的情况下，无功补偿控制器是主机，智能电容器则自动切换至从机模式。无论何种组合方式，都由主机进行数据 AD 采样，再经过傅氏变换计算电流、电压的有效值和谐波值以及功率、功率因数等电参数。根据无功功率、功率因数，以及各智能电容器的设备信息，进行综合判断，确定是否有合适的待投或待切电容。主机需要读取各智能电容器的设备信息，包括智能电容器容量、类型(分补或共补)、自检信息、告警信息、当前投切状态以及投切次数等信息。这些参数信息是主机进行判断当前投切逻辑的重要依据和重要分析因素。

(二)“过零投切”机制

目前有些智能电容器采用的是“过零投切”机制，也就是检测电压过零点，控制磁保持继电器闭合于合适的时间。分补智能电容器由于磁保持继电器触头电容侧的电压为零，故应闭合于输入电压正玄波的过零点；共补电容器由于磁保持继电器触头电容侧的电压不为零，而且电压会随着某一相闭合后电压会发生突变，所以需要根据磁保持继电器的过零点开始计算各种状态的偏移角度(也就是偏移的时间)，闭合于经过计算的时刻点。之所以要精确控制投切点，是因为在磁保持继电器触头两端有压差时，闭合触头会产生较大的涌流，涌流的大小和触头两端的压差成正比，涌流过大时会损伤磁保持继电器的触头，严重时甚至可以导致触头粘死，导致智能电容器损坏，不能继续正常工作。智能电容器若采用“过零投”的机制，当每次切除电容器再次投入时，必须等智能电容器充分放电，这样当再次过零投入时，电容电压为零，投入时磁保持触头两端的压差理论为零，实际上不可能确切的保证是绝对的过零点，只要保证压差在很小的范围内，就不会产生较大的涌流。采用“过零投入”机制的智能电容器，同一台智能电容器的投切需要间隔一定的时间，需要电容放电完成后才能再一次投入。

（三）“等压投、过零切”机制

智能电容器投切机制除了“过零投切”，还有一种“等压投、过零切”的设计机制。两者之间的区别在于一种是检测过零点，一种是检测等压点。等压投就是要检测磁保持继电器触头两端的压差，要能精准地捕捉到等压点，并且控制磁保持继电器触点要精准地闭合于等压点，这样就能有效地控制投入时的涌流，从而有效地延长智能电容器的使用寿命。

采用等压投原理时，程序无须考虑是共补电容器还是分补电容器，也无须关注共补电容器投切某一相后电压发生突变的状态。智能电容器设计的重要部分就是等压点的设计，设计等压点的检测回路。可以通过二极管或者差分电路设计等压点的检测，将等压点的检测接入 CPU 的 I/O 口，通过 I/O 中断检测并记录所产生的脉冲的起始点和脉冲宽度，从而计算脉宽的中间点，这个脉宽的中间点就是我们需要捕捉的等压点。智能电容器准确投入等压点时，投切涌流较小。

智能电容器另一个设计的重点就是磁保持继电器的动作时间计算，也就是 CPU 在控制输出 I/O（控制磁保持继电器动作的 I/O 口）开始，到磁保持继电器触点闭合有电流经过之间的时间。这个时间需要精确计算，误差越大就越影响涌流的大小。计算磁保持继电器的动作时间，需要 CPU 开一个快速的定时器，通过快速定时器计数和电流直流分量矢量和为零的原理精确计算出磁保持继电器的动作时间。通过磁保持继电器的动作时间和等压点，可以精确地捕捉到下一个周波的等压点，并且闭合于下一个周波等压点，从而使智能电容器在投入时产生很小的涌流。采用等压投机制的智能电容器再次投入时无须等待智能电容器放电。相比过零投机制，采用等压投机制的智能电容器无须投切间隔，可以连续频繁投切，且程序更加简洁、投切点捕捉更易于控制和捕捉。

针对频繁变化的用电负载，采用等压投机制的智能电容器无功补偿的效果更加优异，因为无须投切间隔，无须等待电容器的放电。智能电容器的切除点，通常选择在交流输入电压的过零点，过零点切除涌流小，可以有效延缓磁保持继电器触头和电容器的使用寿命。智能电容器的设计对自身的元器件磁保持继电器也是有要求的，磁保持继电器不同个体的动作时间可以有差异，不做严格要求。但是针对某一个体磁保持继电器的每次动作时间要保持在 +/−0.3 ms 范围以内，也就是说，需要磁保持继电器的每次动作时间不能偏差太大。

若动作时间偏差太大，那之前的检测计算合适的闭合点都将是徒劳。只有磁保持继电器的每次动作时间相对保持一致，才能通过程序控制输出确保每次投切在所期望的点（等压点或过零点），不会产生较大的涌流，从而保证正常的投切和工作。为了防止某一次的动作时间偏差较大，可以采用记录前两次或多次的动作时间，并计算动作时间的平均值来计算投切点，确保投切因某一次偏差突然变大，而影响投切效果和智能电容器的正常工作。

智能电容器拥有体积小、维护方便、使用寿命长、可靠性高、设计简单等特点，适应现代电网对无功补偿的要求。基于智能电容器在电力应用中，得到越来越广泛的应用。

第四节　电感器和变压器

电感器（电感线圈）和变压器是利用电磁感应的“自感”和“互感”原理制作而成的电磁感应元件，是电子电路中常用的元器件之一。“电感”是“自感”和“互感”的总称，载流线圈的电流变化在线圈自身中引起感应电动势的现象称为自感；载流线圈的电流变化在邻近的另一线圈中引起感应电动势的现象称为互感。

一、电感器

电感器是一种能够把电能转化为磁能并存储起来的元器件，它的主要功能是阻止电流的变化。当电流从小到大变化时，电感阻止电流的增大；当电流从大到小变化时，电感阻止电流的减小。电感器常与电容器配合一起工作，在电路中主要用于滤波（阻止交流干扰）、振荡（与电容器组成谐振电路）、波形变换等。

电感器是电子电路中最常用的电子元件之一，用字母“L”表示。

电感器的单位为 H（亨利，简称亨），常用的还有 mH（毫亨）、μH（微亨）、nH（纳亨）、pH（皮亨）。它们之间的换算关系为：$1H=10^3mH=10^6\mu H=10^9nH=10^{12}pH$。

（一）电感器的主要参数

1. 电感量

电感量的大小与线圈的匝数、直径、绕制方式、内部是否有磁芯及磁芯材料等因素有关。匝数越多，电感量就越大。线圈内装有磁芯或铁芯，也可以增大电感量。一般磁芯用于高频场合，铁芯用在低频场合。线圈中装有铜芯，则会使电感量减小。

2. 品质因数

品质因数反映了电感线圈质量的高低，通常称为Q值。若线圈的损耗较小，Q值就较高；反之，若线圈的损耗较大，则Q值较低。线圈的Q值与构成线圈导线的粗细、绕制方式以及所用导线是多股线、单股线还是裸导线等因素有关。通常，线圈的Q值越大越好。实际上，Q值一般在几十至几百之间。在实际应用中，用于振荡电路或选频电路的线圈，要求Q值高，这样的线圈损耗小，可提高振荡幅度和选频能力；用于耦合的线圈，其Q值可低一些。

3. 分布电容

线圈的匝与匝之间以及绕组与屏蔽罩或地之间，不可避免地存在着分布电容。这些电容是一个成形电感线圈所固有的，因而也称为固有电容。固有电容的存在往往会降低电感器的稳定性，也降低了线圈的品质因数。

一般要求电感线圈的分布电容尽可能小。采用蜂房式绕法或线圈分段间绕的方法可有效地减小固有电容[①]。

4. 允许误差

允许偏差（误差）是指线圈的标称值与实际电感量的允许误差值，也称为电感量的精度，对它的要求视用途而定。一般对用于振荡或滤波等电路中的电感线圈要求较高，允许偏差为±0.2%～±0.5%；而用于耦合、高频阻流的电感线圈则要求不高，允许偏差为±10%～±15%。

① 李文海．变压器、电感器的磁性材料介绍与选用原则 [J]. 科技与创新，2019(24)：98-100.

5. 额定电流

额定电流是指电感线圈在正常工作时所允许通过的最大电流。若工作电流超过该额定电流值，线圈会因过流而发热，其参数也会发生改变，严重时会被烧断。

(二) 电感器的标注方法

1. 直标法

电感器的直标法是将电感器的标称电感量用数字和文字符号直接标在电感器外壁上的标志方法。采用直标法的电感器将标称电感量用数字直接标注在电感器的外壳上，同时用字母表示额定工作电流，再用Ⅰ、Ⅱ、Ⅲ表示允许偏差参数。固定电感器除应直接标出电感量外，还应标出允许偏差和额定电流参数。

2. 文字符号法

文字符号法是将电感器的标称值和允许偏差值用数字和文字符号按一定的规律组合标注在电感体上的标志方法。采用这种标注方法的通常是小功率的电感器，其单位通常为nH或pH，用N或P代表小数点。采用这种标识法的电感器通常后缀一个英文字母表示允许偏差，各字母代表的允许偏差与直标法相同。

3. 色标法

色标法是指在电感器表面涂上不同的色环来代表电感量（与电阻器类似），通常用四色环表示，紧靠电感体一端的色环为第一环，露着电感体本色较多的另一端为末环。其第一色环是十位数，第二色环为个位数，第三色环为相应的倍率，第四色环为误差率，各种颜色所代表的数值不一样。

(三) 电感器的分类

电感器按绕线结构分为单层线圈、多层线圈、蜂房式线圈等；按电感形式分为固定电感器、可调电感器等；按导磁体性质分为空芯线圈、铁氧体线圈、铁芯线圈、铜芯线圈等；按工作性质分为天线线圈、振荡线圈、扼流线圈、陷波线圈、偏转线圈等；按结构特点分为磁芯线圈、可变电感线圈、色码电感线圈、无磁芯线圈等。下面介绍按绕线结构分类的电感器。

1. 单层线圈

单层线圈的 Q 值一般都比较高，多用于高频电路中。单层线圈通常采用密绕法、间绕法和脱胎绕法。密绕法是用绝缘导线一圈挨一圈地绕在纸筒或胶木骨架上，如晶体管收音机中波的天线线圈；间绕法就是每圈和每圈之间有一定的距离，具有分布电容小、高频特性好的特点，多用于短波天线；脱胎绕法的线圈实际上就是空芯线圈，如高频的谐振电路。

2. 多层线圈

由于单层线圈的电感量较小，在电感值大于 300μH 的情况下，要采用多层线圈。多层线圈采用分段绕制，可以避免层与层之间的跳火、击穿绝缘的现象以及减小分布电容发生。

3. 蜂房式线圈

如果所绕制的线卷的平面不与旋转面平行，而是与之相交成一定的角度，这种线圈称为蜂房式线圈。蜂房式线圈都是利用蜂房绕线机来绕制的。这种线圈的优点是体积小、分布电容小、电感量大，多用于收音机的中波段振荡电路和高频电路。

（四）电感器的检测

电感器的测量主要分为电感量的测量和电感器的好坏判断。

1. 电感量的测量

电感量的测量可用带有电感量测量功能的万用表进行。用万用表测量电感器的电感量简单方便，一般测量范围为 0 ~ 500mH，但其测量精度较低。如需要进行较为精确的电感量的测量时，则要使用专门的仪器（如使用高频表进行测量），具体测量方法请参阅测量仪器的使用说明书。

2. 电感器的好坏判断

电感器是一个用连续导线绕制的线圈，所以电感器好坏的判断依据主要是线圈是否断路。对于断路的电感器，只要用万用表欧姆挡测量电感器的两个引出端，当测量到电感器两引出端的电阻值为 0 时，则可判断电感器断路。对于电感器短路的测量，则需要对其进行电感量的测量，当测量出被测电感器的电感量远远小于标称值时，则可判断为电感器有局部短路。

二、变压器

变压器是利用电磁感应原理，从一个电路向另一个电路传递电能或传输信号的一种电器。变压器可将一种电压的交流电能变换为同频率的另一种电压的交流电能。

（一）变压器的结构及分类

变压器是由绕在同一铁芯上的两个线圈构成的，它的两个线圈一个称为一次侧绕组，另一个称为二次侧绕组。

（1）高频变压器。高频变压器是指工作在高频的变压器，如各种脉冲变压器、收音机中的天线变压器、电视机中的天线阻抗变压器等。

(2) 中频变压器。中频变压器一般是指电视机、收音机中放电电路中使用的变压器等，其工作频率比高频低。

(3) 低频变压器。低频变压器有电源变压器、输入变压器、输出变压器、线间变压器、耦合变压器、自耦变压器等，其工作频率较低。

(二) 变压器的型号命名

国产变压器的型号命名一般由 3 个部分组成。第一部分表示名称，用字母表示；第二部分表示变压器的额定功率，用数字表示，计量单位用 V · A 或 W 标注，但 BR 型变压器除外；第三部分为序号，用数字表示。例如，某电源变压器上标出 DB—50—2，DB 表示电源变压器，50 表示额定功率 50V · A，2 表示产品的序列号。

(三) 变压器的主要参数

变压器的主要参数有电压比、效率和频率响应。

1. 电压比

对于一个没有损耗的变压器，从理论上来说，如果它的一、二次侧绕组的匝数分别为 N_1 和 N_2，若在一次侧绕组中加入一个交流电压 U_1，则在二次侧绕组中必会感应出电压 U_2，U_1 与 U_2 的比值称为变压器的电压比，用 n 表示，即

$$n=\frac{U_1}{U_2}=\frac{N_1}{N_2} \tag{4-1}$$

变压比 $n<1$ 的变压器主要用作升压；变压比 $n>1$ 的变压器主

要用作降压；变压比 $n=1$ 的变压器主要用作隔离电压。

2. 效率

在额定功率时，变压器的输出功率 P_2 和输入功率 P_1 的比值叫作变压器的效率，用 η 表示，即

$$\eta = \frac{P_2}{P_1} \tag{4-2}$$

3. 频率响应

对于音频变压器，频率响应是它的一项重要指标。通常，要求音频变压器对不同频率的音频信号电压都能按一定的变压比作不失真的传输。实际上，音频变压器对音频信号的传输受到音频变压器一次侧绕组的电感和漏电感及分布电容的影响，一次侧电感越小，低频信号电压失真越大；而漏电感和分布电容越大，对高频信号电压的失真就越大。

（四）变压器的检测

1. 直观检测

直观检测就是检查变压器的外表有无异常情况，以此来判断变压器的好坏。直观检测主要检查变压器线圈外层绝缘是否有发黑或变焦的迹象，有无击穿或短路的故障，各线圈出线头有无断线的情况等，以便及时处理。

2. 绝缘检测

绝缘检测就是检查变压器绕组与铁芯之间、绕组与绕组之间的绝缘是否良好。变压器绝缘电阻的检查一般使用兆欧表进行，对各种不同的变压器要求的绝缘电阻也不同。对于工作电压很高的中、大型扩音机，广播等设备中的电源变压器，收音机、电视机上使用的变压器等，其绝缘电阻应大于 1000 MΩ；对电子管

扩音机的输入和输出变压器、各种馈送变压器、用户变压器，其绝缘电阻应大于 500 MΩ；对于晶体三极管扩音机、收扩两用的输入和输出变压器，其绝缘电阻应大于 100 MΩ。

3. 线圈通断检测

线圈通断检测主要是检查变压器线圈的短路或断路故障，线圈的通断检查一般使用万用表欧姆挡进行。当测量到变压器线圈中的电阻值小于正常值的 5% 以上时，则可判断变压器线圈有短路故障；当测量到变压器线圈的电阻值大于 5% 以上或为 ∞ 时，则可判断变压器线圈接触不良或有断路故障。

4. 通电检测

通电检测就是在变压器的一次侧绕组中通入一定的交流电压，用以检查变压器的质量。合格的变压器一般在进行通电检测时，线圈无发热现象、无铁芯振动声等。如发现在通电检测中电源熔丝被烧断，则说明变压器有严重的短路故障；如变压器通电后发出较大的“嗡嗡”声，并且温度上升很快，则说明变压器绕组存在短路故障，此时需要对变压器进行修理。

(五) 智能电压器

进入 21 世纪以来，伴随着电网运行水平不断提高，一方面，各省市级别的调度中心本身产生了更多具体的操作要求，目的在于更为有效地掌握电网的具体状态信息，以提高电网的可控性。另一方面的情况是，在现代计算机技术的平台下，由于通信技术的飞速发展，传统模式的二次设备早已经得到了更换，基于此因，有关变电站自动化的问题已经由所谓的讨论阶段进阶到了实战阶段。

1. 重大意义

电力变压器作为输、配电系统中最为重要的设备，可以说，一个变压器的效率如何直接与整个部门的收益挂钩。传统上，抛售一个变压器的主体方法是检查外观、理化，进行高压试验和继电保护等方面的试验，但这些旧方法基本上属于“没有用”的常规性检查，仅能提供变压器已经出现故障之后的事后信息。即指的是只有已经发生事故才能让技术人员知晓，很显然，这与现代化状态下预先维护的基本要求是不相符合的。为了让变压器维护技术符合时代技术发展的要求，智能的在线状态监测系统产生了，它的出现使得过去收集信息的局限性不复存在。

2. 智能变压器的技术支持

(1) 基本分析

基本上，当代智能变压器支持的标准通信协议模式包括TCP/IP 以及 IEC：61850，并且其本身也有互操作性这一特性，能够做到与任意厂商的 IED 互联。内嵌维护界面方面，采用的是 Web，也能够实现远程的维护操作，也有着在线实时跟踪自诊功能，以确保在系统出现一定异常的情况下能够及时报警。而外体壳体上，采用的是标准为 19 英寸的机柜，拥有着一个内置电源调控器和良好的空调系统，用以满足需要在室外长期操作的要求，能够做到在极端工作环境下甚至在受到电磁干扰的环境下平稳地运行。

(2) 常见故障介绍

按照不同的方法，我们可以将变压器运行过程中出现的故障种类分为：内部故障还是外部故障 (按变压器本体)，即把油箱内部之间的绕组之间发生的相间短路等称为内部故障，反之称为外部故障；也可以依据变压器结构分为绕组故障、铁芯故障、油质故障、附件故障；按回路的不同划分为电路故障、磁路故障、油路故障；从故障发生的部位可分为绝缘故障、铁芯故障、分接开关故障、套管故障等。因此我们看到，有挂变压器的各种划分类型的故障都有可能关系到整个内绝缘的安危，不论是外部还是内部原因导致的变压器内部故障，都可以依照性质划分为放电类故障和放热类故障。

3. 智能变压器的应用

(1) 对绕组电压、电流的监控

通常如果在变压器的内部以及本体上集成一种电压传感器的话，这种传感器在形式上可以有以下选择：电磁式、电容式以及光电式。目前来看，我们已经可以应用到一套完全成熟的监测方法了，但是我们又要看到，传感器不论采用的模式是电磁式还是电容式，它的容量都比传统的 PT 小很多。如果在可以满足精度要求和信噪比要求的情况下，只供 AD 转换用，低压侧小于 1mA 就可以视为满足要求。事实上，尽管目前来看有关套管的技术已经很成熟了，但考虑到数字化后其 CT 的容量还是很小，因此，我们目前还是应以这种形式为主，将变压器本体的安装优先于其他形式，将作为 TIED 的输入分析类信号以打包的形式通过网络传送到系统。同理，其与电压信号比较接近，可以将电流信号直接进行数字化，以在满足精度和信噪比数值的情况下，可以有很小的容量。

(2) 对油温的监控

顾名思义，当变压器的油面温度发生异常变化时，可以说明变压器已经出现了过热的故障，这其实可以采用红外温度传感技术，用以对上层油温进行基本常规的检测。所谓的红外传感器技术，是近几年来新兴的监温技术，它的基本技术特征是可以远距离以及在高温高压状态下对变压器进行测量操作，而且有反应速度快，灵敏度高，安全系数高，使用周期长等良好特点。

(3) 对铁芯接地线电流的监测

事实上，当铁芯上存有两个或超过两个（多个）的接地时，各个接地点之间会形成不同的闭合回路，这种闭合回路会将交链部分磁通，感生电动势，形成环流，最终使得局部温度过热，甚至可能烧毁铁芯。这就是所谓的“变压器铁芯多点接地”。我们也可以依照接地点的不同位置，使得流过铁芯不同接地线的电流之间变得各不相同，甚至可以达到几安至几十安之间，还可以继续依照铁芯接地电流大小的不同，依照油色谱来进一步判断接地点的位置，我们通常采用的是有源零磁通电流型传感器。

第五节　二极管

半导体是一种具有特殊性质的物质，它不像导体那样能够完全导电，又不像绝缘体那样不能导电，它介于两者之间，所以称为半导体。半导体中最重要的两种元素是硅和锗。

晶体二极管简称二极管，也称为半导体二极管，它具有单向导电的性能，也就是在正向电压的作用下，其导通电阻很小；而在反向电压的作用下，其导通电阻极大或无穷大。无论是什么型号的二极管，都有一个正向导通电压，低于这个电压，二极管就不能导通，硅管的正向导通电压为 0.6 ~ 0.7 V，锗管的正向导通电压为 0.2 ~ 0.3 V。其中，0.7 V（硅管）和 0.3 V（锗管）是二极管的最大正向导通电压，即到此电压时无论电压再怎么升高（不能高于二极管的额定耐压值），加在二极管上的正向导通电压也不会再升高了。正因为二极管具有上述特性，通常把它用在整流、隔离、稳压、极性保护、编码控制、调频调制和静噪等电路中。它在电路中用符号“VD”或“D”表示。

二极管的识别很简单，小功率二极管的N极（负极）在二极管外表大多采用一种色标（圈）表示出来，有些二极管也用二极管的专用符号来表示P极（正极）或N极（负极），也有采用符号标志“P”“N”来确定二极管极性的。发光二极管的正负极可通过引脚长短来识别，长脚为正，短脚为负。大功率二极管多采用金属封装，其负极用螺帽固定在散热器的一端。

一、二极管的分类

（1）按二极管的制作材料可分为硅二极管、锗二极管和砷化镓二极管三大类，其中前两种应用最为广泛，它们主要包括检波二极管、整流二极管、高频整流二极管、整流堆、整流桥、变容二极管、开关二极管、稳压二极管。

（2）按二极管的结构和制造工艺可分为点接触型和面接触型二极管。

（3）按二极管的作用和功能可分为整流二极管、降压二极管、稳压二极管、开关二极管、检波二极管、变容二极管、阶跃二极管、隧道二极管等。

二、常用二极管

常用二极管有整流二极管、稳压二极管、检波二极管、开关二极管和发光二极管等。

(一) 整流二极管

整流二极管的性能比较稳定，但因其 PN 结电容较大，不宜在高频电路中工作，所以不能作为检波管使用。整流二极管是面接触型结构，多采用硅材料制成。整流二极管有金属封装和塑料封装两种。整流二极管 2CZ52C 的主要参数：最大整流电流 100 mA、最高反向工作电压 100 V、正向压降≤ 1V。

(二) 稳压二极管

稳压二极管也称为齐纳二极管或反向击穿二极管，在电路中起稳压作用。它是利用二极管被反向击穿后，在一定反向电流范围内，具有反向电压不随反向电流变化的特点从而进行稳压的。稳压二极管的正向特性与普通二极管相似，但其反向特性与普通二极管有所不同。当其反向小于击穿电压时，反向电流很小；当反向电压临近击穿电压时，反向电流急剧增大，并发生电击穿。此时，即使电流再继续增大，管子两端的电压也基本保持不变，从而起到稳压作用。但二极管击穿后的电流不能无限制地增大，否则二极管将被烧毁，所以稳压二极管在使用时一定要串联一个限流电阻。

(三) 检波二极管

检波（也称解调）二极管的作用是利用其单向导电性将高频或中频无线电信号中的低频信号或音频信号分拣出来，其广泛应用于半导体收音机、收录机、电视机及通信等设备的小信号电路中，具有较高的检波效率和良好的频率特性。

（四）开关二极管

开关二极管是利用二极管的单向导电性在电路中对电流进行控制的，它具有开关速度快、体积小、寿命长、可靠性高等特点。开关二极管是利用其在正向偏压时电阻很小，反向偏压时电阻很大的单向导电性，在电路中对电流进行控制，起到接通或关断开关的作用。开关二极管的反向恢复时间很小，主要用于开关、脉冲、超高频电路和逻辑控制电路中。

（五）发光二极管

发光二极管（LED）是一种能将电信号转变为光信号的二极管。当有正向电流流过时，发光二极管能发出一定波长范围内的光，目前的发光管能发出从红外光到可见范围内的光。发光二极管主要用于指示，并可组成数字或符号的 LED 数码管。为保证发光二极管的正向工作电流的大小，使用时要给它串入适当阻值的限流保护电阻。

三、二极管的主要参数

（一）最大整流电流

最大整流电流是指在长期使用时，二极管能通过的最大正向平均电流值，用 I_{FM} 表示。通过二极管的电流不能超过最大整流电流值，否则会烧坏二极管。锗管的最大整流电流一般在几十毫安以下，硅管的最大整流电流可达数百安。

（二）最大反向电流

最大反向电流是指二极管的两端加上最高反向电压时的反向电流值，用 I_R 表示。反向电流越大，则二极管的单向导电性能越差，这样的管子容易被烧坏，其整流效率也较低。硅管的反向电流约在 1μA 以下，大的有几十微安，大功率管子的反向电流也有高达几十毫安的。锗管的反向电流比硅管的大得多，一般可达几百微安。

（三）最高反向工作电压（峰值）

最高反向工作电压是指二极管在使用中所允许施加的最大反向电压，它一般为反向击穿电压的 1/2 ~ 2/3，用 U_{RM} 表示。锗管的最高反向工作电压一般为数十伏以下，而硅管的最高反向工作电压可达数百伏[①]。

四、二极管的检测

（一）极性的判别

将数字万用表置于二极管挡，红表笔插入“V/ Ω”插孔，黑表笔插入“COM”插孔，这时红表笔接表内电源正极，黑表笔接表内电源负极。将两支表笔分别接触二极管的两个电极，如果显示溢出符号“1”，说明二极管处于截止状态；如果显示 1V 以下，说明二极管处于正向导通状态，此时与红表笔相接的是管子的正极，与黑表笔相接的是管子的负极。

① 花文波，王旭东，杨彪．二极管焊接加固工艺改进方法研究 [J]. 科技风，2021(09)：180−181.

(二) 好坏的测量

量程开关和表笔插法同上，当红表笔接二极管的正极，黑表笔接二极管的负极时，显示值在1V以下；当黑表笔接二极管的正极，红表笔接二极管的负极时，显示溢出符号“1”，则表示被测二极管正常。若两次测量均显示溢出，则表示二极管内部断路。若两次测量均显示“000”，则表示二极管已被击穿短路。

(三) 硅管与锗管的测量

量程开关和表笔插法同上，红表笔接被测二极管的正极，黑表笔接负极，若显示电压在0.4～0.7V，则说明被测管为硅管。若显示电压在0.1～0.3V，则说明被测管为锗管。用数字式万用表测二极管时，不宜用电阻挡测量，因为数字式万用表电阻挡所提供的测量电流太大，而二极管是非线性元件，其正、反向电阻与测试电流的大小有关，所以用数字式万用表测出来的电阻值与正常值相差极大。

五、二极管的主要应用

(一) 电子电路应用

几乎所有的电子电路都要用到半导体二极管。半导体二极管在电路中的使用能够起到保护电路、延长电路寿命等作用。半导体二极管的发展，使得集成电路更加优化，在各个领域都起到了积极的作用。二极管在集成电路中的作用很大，维持着集成电路正常工作。下面简要介绍二极管在以下四种电路中的作用。

(1) 开关电路。在数字、集成电路中利用二极管的单向导电性实现电路的导通或断开，这一技术已经得到广泛应用。开关二极管可以很好地保护电路，防止电路因为短路等问题而被烧坏，也可实现传统开关的功能。开关二极管还有一个特性就是开关的速度很快，这是传统开关所无法比拟的。

（2）限幅电路。在电子电路中，常用限幅电路对各种信号进行处理。它是用来让信号在预置的电平范围内，有选择地传输一部分信号。大多数二极管都可作为限幅使用，但有些时候需要用到专用限幅二极管，如保护仪表时。

（3）稳压电路。在稳压电路中通常需要使用齐纳二极管，它是一种利用特殊工艺制造的面结型硅把半导体二极管，这种特殊二极管杂质浓度比较高，空间电荷区内的电荷密度大，容易形成强电场。当齐纳二极管两端反向电压加到某一值，反向电流急增，产生反向击穿。

（4）变容电路。在变容电路中常用变容二极管来实现电路的自动频率控制、调谐、调频以及扫描振荡等。

（二）工业产品应用

经过多年来科学家们的不懈努力，发光二极管的应用已逐步开展，发光二极管广泛应用于各种电子产品的指示灯、光纤通信用光源、各种仪表的指示器以及照明。发光二极管的很多特性是普通发光器件所无法比拟的，主要具有特点有安全、高效率、环保、寿命长、响应快、体积小、结构牢固，发光二极管是一种符合绿色照明要求的光源。

发光二极管在很多领域得到普遍应用，下面介绍其主要应用的方面。

（1）电子用品中的应用。发光二极管在电子用品中一般用作屏背光源或做显示、照明应用。从大型的液晶电视、电脑显示屏到媒体播放器 MP3、MP4 以及手机等的显示屏都将发光二极管用作屏背光源。

(2) 汽车以及大型机械中的应用。发光二极管在汽车以及大型机械中得到广泛应用。汽车以及大型机械设备中的方向灯、车内照明、机械设备仪表照明、大前灯、转向灯、刹车灯、尾灯等都运用了发光二极管。主要是因为发光二极管的响应快、使用寿命长(一般发光二极管的寿命比汽车以及大型机械寿命长)。

(3) 煤矿中的应用。由于发光二极管较普通发光器件具有效率高、能耗小、寿命长、光度强等特点，因此矿工灯以及井下照明等设备一般采用发光二极管。虽然还未完全普及，但不久后将得到普遍应用，发光二极管将在煤矿应用中取代普通发光器件。

(4) 城市的装饰灯。在当今繁华的商业时代，霓虹灯是城市繁华的重要标志。但霓虹灯存在很多缺点，比如，寿命不够长等。发光二极管与霓虹灯相比除了寿命长，还有节能、驱动和控制简易、无须维护等特点。发光二极管替代霓虹灯将是照明设备发展的必然结果。

第六节　三极管

三极管是电流放大器件，可以把微弱的电信号转变成一定强度的信号，因此在电路中被广泛应用。半导体三极管也称为晶体三极管，是电子电路中最重要的器件之一。其具有三个电动机，主要起放大电流的作用，此外，三极管还具有振荡或开关等作用。

三极管是由两个PN结组成的，其中一个PN结称为发射结，另一个称为集电结。两个结之间的一薄层半导体材料称为基区。接在发射结一端和集电结一端的两个电极分别称为发射极和集电极，接在基区上的电极称为基极。在应用时，发射结处于正向偏置，集电极处于反向偏置。通过发射结的电流使大量的少数载流子注入基区里，这些少数载流子靠扩散迁移到集电结而形成集电极电流，只有极少量的少数载流子在基区内复合而形成基极电流。集电极电流与基极电流之比称为共发射极电流放大系数。在共发射极电路中，微小的基极电流变化可以控制很大的集电极电流变化。

一、三极管的分类

(1) 按半导体材料和极性可分为硅材料三极管和锗材料三极管。

(2) 按三极管的极性可分为锗NPN型三极管、锗PNP三极管、硅NPN型三极管和硅PNP型三极管。

(3) 按三极管的结构及制造工艺可分为扩散型三极管、合金型三极管和平面型三极管。

(4) 按三极管的电流容量可分为小功率三极管、中功率三极管和大功率三极管。

(5) 按三极管的工作频率分为低频三极管、高频三极管和超高频三极管等。

(6) 按三极管的封装结构可分为金属封装（简称金封）三极管、塑料封装（简称塑封）三极管、玻璃壳封装（简称玻封）三极管、表面封装（片状）三极管和陶瓷封装三极管等。

(7) 按三极管的功能和用途可分为低噪声放大三极管、中高频放大三极管、低频放大三极管、开关三极管、达林顿三极管、高反压三极管、带阻尼三极管、微波三极管、光敏三极管和磁敏三极管等多种类型。

二、三极管的主要参数

三极管的参数很多，大致可分为三类，即直流参数、交流参数和极限参数。

(一) 直流参数

1. 共发射极电流放大倍数 h_{FE}

共发射极电流放大倍数是指集电极电流 I_C 与基极电流 I_B 之比，即

$$h_{FE}=\frac{I_C}{I_B} \tag{4-3}$$

2. 集电极—发射极反向饱和电流 I_{CEO}

集电极—发射极反向饱和电流是指基极开路时，集电极与发射极之间加上规定的反向电压时的集电极电流，又称穿透电流。它是衡量三极管热稳定性的一个重要参数，其值越小，则三极管的热稳定性越好。

3. 集电极—基极反向饱和电流 I_{CBO}

集电极—基极反向饱和电流是指发射极开路时，集电极与基极之间加上规定的电压时的集电极电流，良好三极管的 I_{CBO} 应该很小。

（二）交流参数

1. 共发射极交流电流放大系数 β

共发射极交流电流放大系数是指在共发射极电路中，集电极电流变化量与基极电流变化量之比，即

$$\beta = \frac{\Delta i_c}{\Delta i_b} \tag{4-4}$$

2. 共发射极截止频率 f_β

共发射极截止频率是指电流放大系数因频率增加而下降至低频放大系数的 0.707 时的频率，即 β 值下降了 3dB 时的频率。

3. 特征频率 f_T

特征频率是指 β 值因频率升高而下降至 1 时的频率。

（三）极限参数

（1）集电极最大允许电流 I_{CM}。集电极最大允许电流是指三极管参数变化不超过规定值时，集电极允许通过的最大电流。当三极管的实际工作电流大于 I_{CM} 时，管子的性能将明显变差。

（2）集电极—发射极反向击穿电压 $I_{(BR)CEO}$。集电极—发射极反向击穿电压是指基极开路时，集电极与发射极之间的反向击穿电压。

（3）集电极最大允许功率损耗 P_{CM}。集电极最大允许功率损耗是指集电结允许功耗的最大值，其大小取决于集电结的最高结温。

三、三极管的识别与检测

(一) 三极管基极 (B 极) 及类型的判别

将数字万用表置于二极管挡 (蜂鸣挡)，将红表笔接触一个引脚，黑表笔分别接触另外两个引脚，若在两次测量中显示值都小，则红表笔接触的是 B 极，且该管为 NPN 型；对于 PNP 型，应将红、黑表笔对换，两次测量中显示值均小，则黑表笔接触的是 B 极。

(二) 判定集电极 (C 极) 和发射极 (E 极)

将数字万用表置于 "h_{FE}" 挡，测量两极之间的放大倍数，并比较两次 h_{FE} 值，取其中读数较大一次的插入法。三极管的电极符合万用表上的排列顺序，同时也能测出三极管的电流放大倍数。

四、三极管的放大作用

三极管的主要作用就是放大电流，这种元件可以将微弱电信号放大，变为具备一定强度的信号，这一转换过程只遵循能量守恒定律，仅仅是将电源转化为信号。电流放大系数是判断三极管工作性能的重要参数，在三极管基极加上微小电流，就可以得到放大后的电流，这就是集电极电流。该种电流会在基极电流的作用下发生变化，将小功率可控硅与大功率三极管组合起来，即可获取到大功率可控制硅，在多个领域都表现出了良好的应用。三极管的种类很多，用途各异，恰当、合理地选用三极管是保证电路正常工作的关键。首先根据电路对三极管进行选用，在不同的电子产品中，电路各有不同，如高频放大电路、中频放大电路、功率放大电路、电源电路、振荡电路、脉冲数字电路等。由于电路的功能不同，构成电路所需要的三极管的特性及类型也不同，功率驱动电路应按电路功率、频率选用功率管[①]。

五、三极管在电子电路中的应用

（一）三极管开关作用的应用

应用于不同场合的三极管，对它的特性有不同的要求。为了正确地选用三极管，就必须了解三极管特性的技术参数。用三极管作为电子电路的开关，和传统的电子电路相互比较，具有以下几方面的优势。

第一，和传统电子电路进行比较，三极管电子电路开关的工作速度非常快。第二，不需要用触头进行接触，在工作的时候，没有电火花产生。第三，灵敏度非常强，在控制信号方面，没有精确的规定。第四，三极管处于道通状态下，所产生的开关压比传统下的数值要高出很多；在断开状态之下，所产生的电流比传统下的数值也要高出很多。第五，三极管的开关电流，对于高电压、强电流来说，使用效果也非常不错。

（二）三极管放大作用的应用

三极管在电子电路中放大电信号的本质主要是用较小的能量来控制较大能量的转换，这就是三极管的主要功能。要想有效放大信号，对基本组成电路来说，必须遵守以下几个原则。

第一，在电路中，一定要有直流电源，另外，一定要保证三

① 武加纯，王彦革，李思敏，张文杰．三极管在统一测控应答机中的应用[J]．电声技术，2020，44(12)：60-63，67.

极管的工作处于放大状态之下。第二，在工作中，则要保证信号从放大电路的输入端输入，然后再通过输出端输出。第三，在元件参数的选择上，要保证所选择的参数不会使信号失真，另外，还能够满足放大电路所要求各项性能指标的要求。第四，需要保证三极管能够使信号得到正常的放大。

第七节　集成电路

一、集成电路的分类

集成电路（Integrated Circuits，IC），它是将一个或多个单元电路的主要元器件或全部元器件都集成在一个单晶硅片上，且封装在特别的外壳中，并具备一定功能的完整电路。集成电路的体积小、耗电低、稳定性好，从某种意义上讲，集成电路是衡量一个电子产品是否先进的主要标志。

(1) 按功能、结构分类。集成电路按其功能、结构不同可分为模拟集成电路和数字集成电路两大类。

(2) 按制作工艺分类。集成电路按制作工艺不同可分为薄膜电路、厚膜电路和混合电路。薄膜电路是用 1 μm 厚的材料制成器件及元件。厚膜电路以厚膜的形式制成阻容、导线等，再粘贴有源器件；混合电路用平面工艺制成器件，以薄膜工艺制作元件。

(3) 按集成度高低分类。集成电路按集成度高低的不同可分为小规模集成电路（一般少于 100 个元件或少于 10 个门电路）、中规模集成电路（一般含有 100 ~ 1000 个元件或 10 ~ 100 个门电路）、大规模集成电路（一般含有 1000 ~ 10000 个元件或 100 个门电路以上）和超大规模集成电路（一般含有 10 万个元件或 10000 个门电路以上）。

（4）按导电类型不同分类。集成电路按导电类型可分为双极型集成电路和单极型集成电路。双极型集成电路的制作工艺复杂，功耗较大，其中具有代表性的集成电路有 TTL、ECL、HTL、LST—TL、STTL 等类型。单极型集成电路的制作工艺简单，功耗也较低，易于制成大规模集成电路，其中具有代表性的集成电路有 CMOS、NMOS、PMOS 等类型。

（5）按用途分类。集成电路按用途可分为电视机用集成电路、音响用集成电路、影碟机用集成电路、录像机用集成电路、计算机（微机）用集成电路、电子琴用集成电路、通信用集成电路、照相机用集成电路、遥控集成电路、语言集成电路、报警器用集成电路及各种专用集成电路等[①]。

二、集成电路的主要参数

（1）静态工作电流。静态工作电流是指在不给集成电路加载输入信号的条件下，电源引脚回路中的电流值。静态工作电流通常标出典型值、最小值、最大值。当测量集成电路的静态电流时，如果测量结果大于或小于它的最大值或最小值时，会造成集成电路损坏或发生故障。

（2）增益。增益是体现集成电路放大器放大能力的一项指标，通常标出闭环增益，它又分为典型值、最小值、最大值等指标。

（3）最大输出功率。最大输出功率主要用于有功率输出要求的集成电路。它是指信号失真度为一定值时（10%）集成电路输

① 王小强，邓传锦，范剑峰．集成电路发展历程、现状和建议 [J]. 电子产品可靠性与环境试验，2021，39(S1)：106-111.

出引脚所输出的信号功率，通常标出典型值、最小值、最大值三项指标。

(4) 电源电压值。电源电压值是指可以加在集成电路电源引脚与地端引脚之间的直流工作电压的极限值，使用时不能超过这个极限值，如直流电压 ±5V、±12V 等。

三、集成电路技术的应用

(一) 集成电路技术在医学领域的应用

随着我国医学领域的不断发展，越来越重视医学临床的发展，为了能够为大众提供高质量的就医服务，加大了对集成电路技术的应用力度，对集成电路技术的应用需求越来越大，也使集成电路技术成了医学领域中重要的核心技术[①]。

在医学领域的发展中，对集成电路技术的应用，还需要结合医学领域的实际发展情况分析，加大对其研究力度，相信在未来的发展中，集成电路技术能够充分发挥自身的重要作用，而对集成电路技术的不断改革与创新，都是为集成电路技术成为全球半导体核心推力所奠定的基础[②]。随着世界医疗电子市场的快速发展，扩大发展范围，拓展服务领域，促进了我国医疗电子市场的全面发展。例如，我国“银发产业”的发展，主要是以我国老龄委公布的数据为基础分析，目前我国老年人所需要使用的物品，在市场的发展中，需求量换算成价值已经达到了 20 多万亿元。但是结合目前的市场发展情况来看，为老年人所提供的产品比例

① 高辰，集成电路技术应用及其发展前景研究 [J]. 科技与创新，2017 (24)：153-15.
② 聂聪，姚强，通信集成电路技术的应用及其发展前景 [J]. 硅谷，2010 (22)：24-25.

却不足30%，与现代化市场的发展产生了较大的差距[①]。由于受到各种因素的影响，也使我国越来越重视“银发产业”的发展，有利于促进医疗电子产业的发展。在增加经济效益的同时，还能为老年人着想，满足老年人的生活需求，提高人们的生活质量与水平，促使人们保持积极健康的心态。单纯地依靠医学集成电路技术的发展，就实现了对老龄化问题的解决。

（二）集成电路技术在通信领域中的应用

现代通信的起源可追溯至19世纪中期，1844年美国科学家萨缪尔-摩尔斯（Samuel.F、B.Morse）发明电报、1876年美国科学家亚历山大-贝尔（Alexander.G.Bell）发明电话以及1895年意大利科学家古格里埃莫·马可尼（Gugliemo.Marconi）发明无线电，这三大事件标志着现代通信的诞生。1966年，英国华裔科学家高锟（Charles.K.Kao，2009年诺贝尔物理学奖得主）提出光纤通信的设想；1980年，蜂窝电话系统的出现；以及20世纪90年代微型计算机的普及，使现代通信体系被分为有线通信、无线通信与计算机通信三大类。而集成电路则在这三类通信体系中均发挥了重要作用。

1. 集成电路技术在有线通信系统中的应用

20世纪80年代至90年代，随着掺铒光纤放大器（EDFA）与密集波分复用（DWDM）技术的出现，光纤通信在传输容量、传输速度和传输距离等方面，显示出了无可比拟的优势，并替代了早期的铜线通信体系，成为有线通信网中的首选传输技术。目前，单根光纤已可传输上百个波长，传输容量达10Tb/s，全光传

① 王家祺，解思深，集成电路发展前景——下一步的技术进展[J].物理，1993(04)：229-230.

输距离可达1000km以上。进入21世纪后，光纤通信又开始以微电子、光电子、光电器件及其线路系统集大成者的新形式出现在我们的眼前。

激光源是光通信中关键的组成部分。1970年，长寿命半导体激光器的研制成功，为光通信的实现提供了保障。随后，该激光器以其体积小、功耗低、工作可靠性高等特点成为光纤通信系统中的理想光源。而以硅基化合物半导体为基础的集成电路，则是构成半导体激光器的核心器件。现阶段被广泛应用于光通信领域的分布反馈（DFB）激光器正是借助光电单片集成技术的发展，在线宽、速率与可调谐性能等方面展现出了明显的优势。

作为光纤通信中的其他重要组成部分，诸如，光电调制器、光放大器、光探测器等，其核心部件也均是通过光电子集成技术，将器件集成在同一块芯片上，从而使器件在体积、功耗及工作效率等方面的性能都得到大幅提升。在多波长DWDM系统中，光合波/分波器与光开关等交换器件也通过集成电路技术，向着高速传输、全光处理的方向发展。在集成电路技术广泛应用于光通信领域的背景下，集成光学便是由此而产生并得以持续发展的一门新兴光学学科。

2. 集成电路技术在无线通信系统中的应用

随着信息化的高速发展，无线通信凭借其灵活方便、及时性强等特点，成为一项最具发展潜力的通信技术。自20世纪80年代末，第二代移动通信系统（2G）商用以来，经过多年的发展，全球移动通信系统（GSM）、无线局域网（WLAN）、蓝牙（Bluetooth）、第五代移动通信技术（5G）等原本陌生的名词早已风靡全球。移动电话与各种无线通信终端也逐渐成为人们日常生活的必需。同时，无线通信设备及终端也将大容量、高速率、小型化与低功耗作为自身发展的目标。而电子元件的小型化与集成化正是实现上述目标的前提条件。在这一过程中，集成电路技术的发展起到了举足轻重的作用。

作为无线通信终端的两个核心部件射频单元与基带单元，几乎全部是由集成电路构成。射频单元一般由以半导体器件构成，而基带单元则一般由互补型金属氧化物半导体（CMOS）集成电路构成。一方面，无线通信基站的交换设备、信号处理单元等设备也均在借力集成电路技术的同时，实现了快速、高效的信号交换过程。另一方面，随着集成电路所承载无线通信功能逐步完善，无线通信终端也不仅限于传统语音业务，手机阅读器、全球定位导航系统（GPS）等扩展功能，及手机上网、视频点播、彩信（MMS）等增值业务，满足了不同用户的需求。因此可以说，正是借助集成电路技术的迅速发展，无线通信才能在充分展示其小、快、灵等特点的同时，为用户提供了多业务平台，并极大方便了人们的日常生活。

3. 集成电路技术在计算机通信中的应用

计算机通信是在20世纪90年代微型计算机逐步普及的基础上，出现的一种新型通信方式。计算机技术的迅猛发展，极大地促进了计算机与通信之间的结合，并使计算机与通信相互融合、共同发展。以该通信方式为基础的新兴学科分支计算机通信与计算机电信集成技术（CTI）也应运而生。

计算机通信是一种以数据通信为基础的通信方式。通过该方式，信息可在不同计算机之间，或计算机与其他通信终端之间进行传递。它是现代计算机技术与通信技术相融合的产物，在办公自动化（OA）系统、咨询分析领域、信息处理系统及军用自动控制领域均得到了广泛的应用。

在集成电路技术快速发展的背景下，作为计算机终端的核心部件——中央处理器（CPU）的运算速度、尺寸与功耗等指标均得到了大幅提升。目前，微型计算机处理器速度已由16MHz提升至近4GHz；处理器内集成的晶体管数量由最初的几万个增加至超过1亿个。在处理器性能提升的同时，其芯片尺寸则由最初的几微米缩小至目前的0.09μm。此外，处理器功耗与成本也比1990年时降低了数百倍；体积小、重量轻、携带方便的笔记本计算机也随之普及。

第五章　印刷电路技术

第一节　印刷电路概述

一、印制电路板的组成及作用

印制电路板（Printed Circuit Board，PCB；通常简称印制板）是指在绝缘基板的表面上按预定的设计方案，用印制的方法形成的印制线路和印制元器件系统。

印制电路板是实现电子整机产品功能的主要部件，是通过一定的制作工艺，在绝缘度非常高的基材上覆盖一层导电性能良好的铜薄膜构成的覆铜板，然后再根据具体的印制电路图的要求，在覆铜板上蚀刻出印制电路图上的导线，并钻出印制板安装定位孔以及焊盘和过孔。印制电路板具有导电线路和绝缘底板的双重作用，放置元器件的一面称为元件面，放置导线的一面称为印制面或焊接面。对于双面印制板，元器件和焊接面是在同一面的。印制电路板的质量不仅关系到电路在装配、焊接、调试过程中的操作是否方便，也直接影响着电子整机的技术指标和使用性能。

（一）印制电路板的组成

印制电路板就是连接各种实际元器件的一块板图，主要由覆铜板、焊盘、过孔、安装孔、元器件封装、导线等组成。

（1）覆铜板。覆铜板全称为覆铜箔层压板，是制造印制电路板的主要材料，它是把一定厚度的铜箔通过黏结剂经过热压贴附在具有一定厚度的绝缘基板上的板材。

(2) 焊盘。焊盘是用于安装和焊接元器件引脚的金属孔。

(3) 过孔。过孔是用于连接顶层、底层或中间层导电图件的金属化孔。

(4) 安装孔。安装孔主要用来将电路板固定到机箱上，其中安装孔可以用焊盘制作而成。

(5) 元器件封装。元器件封装一般由元器件的外形和焊盘组成。

(6) 导线。导线是用于连接元器件引脚的电气网络铜箔。

(7) 填充。填充是用于地线网络的敷铜，可以有效地减小阻抗。

(8) 印制电路板边界。印制电路板边界指的是定义在机械层和禁止配线层上的电路板的外形尺寸制板，最后就是按照外形对印制电路板进行剪裁的。因此，用户所设计的电路板上的图件不能超过该边界。

(二) 印制电路板的作用

印制电路板广泛应用在电子产品的生产制造中，其在电子设备中的功能如下。

(1) 元器件的电气连接。印制电路可以代替复杂的配线，实现电路中各个元器件的电气连接，提供所要求的电气特性，如特性阻抗等。

(2) 元器件的机械固定。印制电路板提供了分立器件、集成电路等各种电子元器件的固定、组装和机械支撑的载体，缩小了整机体积，并降低了产品成本。

(3) 为自动锡焊提供阻焊图形。印制电路板为元器件安装、检查、维修提供了识别字符和图形。

二、印制电路板的分类

印制电路板的种类很多，一般可根据印制板的结构与机械特性划分类别。

（一）根据印制板的结构分类

根据印制板的结构，可以将其分为单面印制板、双面印制板与多层印制板。无论何种印制板，其基本结构都包括三部分，即绝缘层（基材）、导体层（电路图形）、保护层（阻焊图形），只是由于印制板的层数不同而具有不同层数的绝缘层和导体层。

（1）单面印制板（Single Layer PCB）。单面印制板是绝缘基板只有一面敷铜的电路板。单面印制板只能在敷铜的一面配线，而另一面则放置元器件。它具有无须打过孔、成本低的优点，但因其只能进行单面配线，从而使实际设计工作往往比双面板或多层板困难得多。它适用于电性能要求不高的收音机、电视机、仪器仪表等。

（2）双面印制板（Double Layer PCB）。双面印制板是在绝缘基板的顶层（Top Layer）和底层（Bottom Layer）两面都有敷铜的电路板，其顶层一般为元件面，底层一般为焊锡层面，中间为绝缘层，双面板的两面都可以敷铜和配线，一般需要由金属化孔连通。双面印制板的电路一般比单面印制板的电路复杂，但配线比较容易，因此被广泛采用，是现在最常见的一种印制电路板。它适用于电性能要求较高的通信设备、计算机和电子仪器等产品[①]。

① 鲁永兴．谈印制电路板抗氧化表面处理控制[J]．印制电路信息，2021，29(05)：45-49.

(3) 多层印制板（Multi Layer PCB）。多层印制板是由三层或三层以上的导电图形和绝缘材料层压合而成的印制板，包含了多个工作层面。多层印制板除了顶层、底层以外，还增加了内部电源层、内部接地层及多个中间配线层。应用较多的多层印制电路板为4～6层板，为了把夹在绝缘基板中间的电路引出，多层印制板上用来安装元件的孔，需要金属化，即在小孔内表面涂敷金属层，使之与夹在绝缘基板中间的印制电路接通。随着电子技术的发展，电路的集成度越来越高，其引脚也越来越多，在有限的板面上已无法容纳所有的导线，因此，多层板的应用会越来越广泛。通常，将多层印制电路板的各层分类为信号层（Signal）、电源层（Power）或是地线层（Ground）。

(二) 根据印制板的机械特性分类

根据印制板的机械特性可以将其分为刚性印制板、柔性印制板与刚柔性印制板。

(1) 刚性印制板。刚性印制板具有一定的机械强度，用它装成的部件具有一定的抗弯能力，在使用时处于平展状态。常见的PCB一般是刚性印制板，它主要在一般电子设备中使用，如计算机中的板卡、家电中的印制电路板等。

(2) 柔性印制板。柔性印制板也叫挠性印制板，是以软质绝缘材料为基材制成的，其铜箔与普通印制板相同，并使用黏合力强、耐折叠的黏合剂压制在基材上。其表面用涂有黏合剂的薄膜覆盖，可防止电路和外界接触而引起短路和绝缘性下降，并能起到加固作用。柔性印制板最突出的特点是具有挠性，能折叠、弯曲、卷绕，因此，它被广泛用于计算机、笔记本电脑、照相机、摄像机和通信、仪表等电子设备上。

（3）刚柔性印制板。刚柔性印制板是利用柔性基材，并在不同区域与刚性基材结合制成的印制板，主要用于印制电路的接口部分。

第二节　Altium Designer 基础

一、Altium Designer 概述

（一）计算机辅助设计技术

随着现代电子工业的高速发展以及大规模集成电路（IC）的开发使用，使得对电路板的要求越来越高，设计制造周期也越来越短。同时，由于集成电路技术及电路组装工艺的飞速发展，印制电路板上的组件密度与日倍增，传统的手工设计和制作手段已不能适应电子系统制造及发展的需要。电子电路的分析与设计方法发生了重大变革，以计算机辅助设计（Computer Aided Design，CAD）为基础的电子设计技术日益为人们所重视，已广泛应用于电路设计与系统集成等设计之中[①]。

采用 CAD 方法设计印制电路板改变了以手工操作和电路实验为基础的传统设计方法，避免了传统手段的缺点，精简了工艺检查标准，缩短了设计周期，提高了劳动生产率，极大地提高了产品质量。CAD 已成为现代电子系统设计的关键技术之一，是电子行业必不可少的工具与手段。目前，用于印制电路板设计的 CAD 软件较多，例如，Altium 的 Protel、Cadence 的 Or CAD 与

① 臧小鹿，李庆君 .3D 打印技术与计算机辅助设计 [J]. 科技创新与应用，2020(14)：82-83.

Allegro，其中使用最为广泛的是 Altium 公司的 Protel 系列软件。

（二）Altium Designer 软件简介

Altium 公司的 Protel 系列软件作为功能最为强大、使用最为广泛的电子 CAD 软件，可准确、快速、有效地完成产品的原理图设计和印制板设计。Protel 最早是在 1991 年由 Protel 公司（Altium 公司的前身）发布的世界上第一个基于 Windows 环境的 EDA 工具软件，即 Protel for Windows 1.0 版。在 1998 年，Protel 公司又推出了 Protel 98，是一个将原理图设计、PCB 设计、无网格配线器、可编程逻辑器件设计和混合电路模拟仿真集于一身的 32 位软件。随后又推出了 Protel 99 以及 Protel 99 SE，它是一个完整的电子电路原理图和印制电路板电子设计系统，采用 Client/Server 体系结构，包含了电子电路原理图设计、多层印制电路板设计、可编程逻辑器件设计、模拟电路与数字电路混合信号仿真及分析、图表生成、电子表格生成、同步设计、联网设计与 3D 模拟等功能。在文档的管理方面，它采用设计数据库对文档进行统一管理，并兼容其他设计软件的文件格式等。

2001 年 8 月 Protel 公司更名为 Altium 公司。2002 年 Altium 公司推出了新产品 Protel DXP，Protel DXP 集成了更多的工具，使用更方便，功能更强大。2004 年推出的 Protel 2004 对 Protel DXP 进行了完善。

Altium Designer 作为 Protel 系列软件的高端版本，最早是在 2006 年初推出的 Altium Designer 6.0 版本，并在以后的几年中分别推出了 Altium Designer 6.3、6.5、6.7、6.8、6.9、7.0、7.5 和 8.0 等版本，2008 年 12 月，又推出了 Altium Designer Summer 09。在 2011 年推出的 Altium Designer 10.0 综合了电子产品一体

化开发所需的技术和功能，目前其较高的版本为 Altium Designer 15.0。Altium Designer 除了全面继承包括 Protel 99 SE、Protel DXP 在内的先前一系列版本的功能和优点外，还做了许多改进和很多高端功能。该平台拓宽了板级设计的传统界面，全面集成了 FPGA 设计功能和 SOPC 设计实现功能，从而允许工程设计人员能将系统设计中的 FPGA 与 PCB 设计及嵌入式设计集成在一起，更加符合了电子设计师们的应用需求，最大限度地提升了设计开发的效率。

二、Altium Designer 09 的设计环境

Altium Designer 09 是 Protel 系列软件基于 Windows 平台开发的产品，并为用户提供了一个赏心悦目的智能化操作环境，能够面向 PCB 设计项目，为用户提供板级设计的全线解决方案，并能多方位实现设计任务，是一款具有真正的多重捕获、多重分析和多重执行设计环境的 EDA 软件。

启动 Altium Designe 09 后，系统将进入 Altium Designer 集成开发工作环境。整个工作环境主要包括系统主菜单、系统工具栏、工作区面板、系统工作区、状态栏及导航栏等项目。用户可以根据需要创建原理图文档、PCB 项目与 FPGA 项目，并可进行信号完整性分析及仿真等操作。Altium Designer 提供了一个友好的主页面（Home Page），用户可以使用该页面进行项目文件的操作，如创建新项目、打开文件等。用户如果需要显示该主页面，可以选择 “View” → “Home” 命令，或者单击右上角的图标。

（一）系统主菜单

系统主菜单包括 DXP（系统菜单）、File（文件菜单）、View（视

图菜单)、Project (项目菜单)、Window (窗口菜单) 与 Help (帮助菜单)6 个部分。在菜单命令中，凡是带标记的都表示该命令还有下一级子菜单。

(1) DXP (系统菜单)，主要用于进行资源用户化、系统参数设置、许可证管理等操作。

(2) File (文件菜单)，主要用于各种文件的新建、打开和保存等操作。

(3) View (视图菜单)，主要用于控制界面中的工具栏、工作面板、命令行及状态栏等操作。

(4) Project (项目菜单)，主要用于项目文件的管理，包括项目文件的编译、添加、删除、显示项目文件差异和版本控制等操作。

(5) Window (窗口菜单)，主要用于多个窗口的排列 (水平、垂直、新建)、打开、隐藏及关闭等操作。

(6) Help (帮助菜单)，主要用于相关操作的帮助、序列号的查看等操作。

(二) 系统工具栏

系统工具栏只有 4 个按钮，分别用于新建文件、打开文件、打开设备视图与打开 PCB 视图等操作。

(三) 系统文件工作区面板

系统文件工作区面板包括打开文件、打开项目文件、新建项目或文件、由已存在的文件新建文件、由模板新建文件等文件操作。如果要显示其他工作面板，也可以执行“View” → “Workspace Panels”命令进行选择，其中包括项目、编译、库、信息输出、帮助等。

（四）系统工作区

系统工作区位于 Altium Designer 界面的中间，是用户编辑各种文档的区域。在无编辑对象打开的情况下，工作区将自动显示为系统默认主页，主页内列出了常用的任务命令，单击即可快捷启动相应的工具模块。

第六章 电子产品的组装与调试工艺

第一节 电子产品组装

一、组装工艺概述

电子产品的组装就是将构成整机的各零部件、插装件以及单元功能整件（如各机电元件、印制电路板、底座以及面板等），按照设计要求，进行装配、连接，组成一个具有一定功能的、完整的电子整机产品的过程，以便进行整机调整和测试。

电子产品组装的主要内容包括电气装配和机械装配两大部分。电气装配部分包括元器件的布局，元器件、连接线安装前的加工处理，各种元器件的安装、焊接，单元装配，连接线的布置与固定等工作。机械装配部分包括机箱和面板的加工，各种电气元件固定支架的安装，各种机械连接和面板、控制器件的安装，以及面板上必要的图标、文字符号的喷涂等工作。

二、装配级别与要求

（一）装配级别

按组装级别来分，整机装配按元件级，插件级，插箱板级和箱、柜级顺序进行组装。

(1) 元件级组装。用于电路元器件、集成电路的组装，是组装中的最低级别，其特点是元器件的结构不可分割。

（2）插件级组装。用于组装和互连装有元器件的印制电路板或插件板等。

（3）插箱板级组装。用于安装和互连插件或印制电路板部件。

（4）箱、柜级组装。主要是通过电缆及连接器互连插件和插箱，并通过电源电缆送电构成独立的、有一定功能的电子仪器、设备和系统。

在电子产品的装配过程中，先进行元件级组装，再进行插件级组装、插箱板级组装，最后是箱、柜级组装。在较简单的电子产品装配中，可以把第三级和第四级组装合并完成。

（二）装配顺序

整机联装的目的是利用合理的安装工艺以实现预定的各项技术指标。电子产品整机的总装有多道工序，这些工序的完成顺序是否合理，直接影响到产品的装配质量、生产效率以及产品质量。整机安装的基本顺序是：先轻后重，先小后大、先铆后装，先装后焊、先里后外、先下后上、先平后高、易碎易损件后装，上道工序不得影响下道工序的安装[①]。

三、装配工艺流程

整机装配工艺过程根据产品的复杂程度、产量大小等方面的不同而有所区别。但总体来看，其包括装配准备、部件装配、整机装配、整机调试、整机检验、包装出厂等几个环节。

---

① 殷壮．电子产品组装中不良原因的分析及其处理 [J]. 科技资讯，2017，15(29)：125-126.

(一) 装配准备

装配准备主要是为部件装配和整机装配做材料、技术和生产组织等方面的准备工作。

(1) 技术资料的准备工作。技术资料的准备工作是指工艺文件、必要的技术图样等的准备，特别是新产品的生产技术资料，更应准备齐全。

(2) 生产组织准备。生产组织准备是指根据工艺文件确定工序步骤和装配方法，并进行流水线作业安排、人员配备等。

(3) 工具和设备准备。在电子产品的装配中，常用的手工工具有适用于一般操作工序的必需工具，如电烙铁、剪刀、斜口钳、尖头钳、平口钳、剥线钳、镊子与旋具等；用于修理的辅助工具，如电工钻、锉刀、电工钳、刮刀和金工锯等；装配后进行自检的计量工具及仪表，如直尺、游标卡尺和万用表等。

在电子产品的装配中，用于大批量生产的专用设备有元件刮头机、切线剥线机、自动插件机、普通浸锡炉、波峰焊接机、烫印机等。

(4) 材料准备。材料准备工作是指按照产品的材料工艺文件进行购料备料，再完成协作零、部、整件的质量抽检、元器件质检、导线和线扎加工、屏蔽导线和电缆加工、元器件引线成形与搪锡、打印标记等工作。

(二) 部件装配

部件是电子产品中一个相对独立的组成部分，由若干元器件、零件装配而成。部件装配是整机装配的中间装配阶段，是为了更好地在生产中进行质量管理，更便于在流水线上组织生产。

部件装配质量的好坏直接影响整机的质量。在生产工厂中，部件装配一般在生产流水线上进行，有些特殊部件也可由专业生产厂家提供。

（1）印制电路板装配。一般电子产品的部件装配主要是印制电路板装配。

（2）机壳、面板装配。产品的机壳、面板构成产品的主体骨架，其既要安装部分零部件，同时也对产品的机内部件起到保护作用，以保证方便使用、运输和维护；既具有观赏价值的优美外观，又可以提高产品的竞争力。

（三）整机装配

整机是由经检验合格的材料、零件和部件连接紧固而形成的具有独立结构或独立用途的产品，整机装配又叫整机装联或整机总装。一台收音机的整机装配，就是把装有元器件的印制电路板机芯，装有调谐器件、扬声器、各种开关和电位器的机壳、面板组装在一起的过程。整机装配后还需进行调试，经检验合格后才能最终成为产品。

（四）整机调试

调试工作包括调整和测试两部分，调整主要是指对电路参数的调整，即对整机内可调元器件及与电气指标有关的调谐系统、机械传动部分进行调整，使之达到预定的性能要求。测试则是在调整的基础上，对整机的各项技术指标进行系统的测试，使电子产品的各项技术指标符合规定。

（五）整机检验

整机检验主要是指对整机电气性能方面的检查。检查的内容包括各装配件（印制板、电气连接线）是否安装正确，是否符合电气原理图和接线图的要求，导电性能是否良好等。

（六）包装出厂

包装是电子整机产品总装过程中保护和美化产品及促进销售的环节。电子整机产品的包装，通常着重考虑方便运输和储存两方面。合格的电子整机产品经过合格的包装，就可以入库储存或直接出厂投向市场，从而完成整个总装过程。

四、印制电路板的组装

由于印制电路板在整机结构中具有许多独特的优点而被大量使用。因此，在当前的电子产品组装中是以印制电路板为中心展开的，印制电路板的组装是电子产品整机组装的关键环节。

印制电路板的组装是根据设计文件和工艺文件的要求，将电子元器件按一定规律插装在印制基板上，并用紧固件或锡焊等方式将其固定的装配过程。印制电路板主要有两方面的作用，就是实现电路元器件的电气连接和作为元器件的机械支撑体组级元器件的机械固定。通常将没有安装元器件的印制电路板叫作印制基板，印制基板的两侧分别叫作元件面和焊接面。元件面用来安装元件，元件的引出线以通孔插装的方式通过基板插孔，在焊接面的焊盘处通过焊接实现电气连接和机械固定。

(一) 元器件引线成形

元器件引线在成形前必须进行预加工处理，主要包括引线的校直、表面清洁及搪锡三个步骤。预加工处理的要求是引线处理后，不允许有伤痕、镀锡层均匀、表面光滑、无毛刺和焊剂残留物。

引线成形工艺就是根据焊点之间的距离，做成需要的形状，使它能迅速而准确地插入孔内。

(二) 元器件安装的技术要求

(1) 元器件的标志方向应按照图纸规定的要求，且安装后能看清元器件上的标志。

(2) 元件的极性不得安装错误，安装前应套上相应的套管。

(3) 安装高度应符合规定要求，同一规格的元器件应尽量安装在同一高度上。

(4) 安装顺序一般为先低后高、先轻后重、先易后难、先一般元件后特殊元件。

(5) 元器件在印制板上分布应尽量均匀、疏密一致、排列整齐美观，不允许斜排、立体交叉和重叠排列。元器件外壳和引线不得相碰，要保证它们之间有 1 mm 左右的安全间隙。

(6) 元器件的引线直径与印制焊盘孔径应有 0.2 ~ 0.4 mm 的合理间隙。

(7) 一些特殊元器件的安装处理，如 MOS 集成电路的安装应在等电位工作台上进行，以免静电损坏器件。发热元件 (如 2 W 以上的电阻) 要与印制板面保持一定的距离，不允许贴面安装，较大元器件的安装应采取固定 (如绑扎、粘贴、支架固定等)

措施。

(三) 元器件在印制板上的安装方法

元器件在印制板上的安装方法有手工安装和机械安装两种，前者简单易行，但效率低、错装率高。后者安装速度快、误装率低，但设备成本高，且引线成形要求严格，它一般包括以下几种安装形式。

(1) 贴板安装。其安装形式适用于防振要求高的产品。元器件应贴紧印制基板面，安装间隙小于 1 mm。当元器件为金属外壳，且安装面又有印制导线时，应加垫绝缘衬垫或绝缘套管。

(2) 悬空安装。其安装形式适用于发热元件的安装。元器件距印制基板面要预留有一定的距离，安装距离一般为 3 ~ 8 mm。

(3) 垂直安装。其安装形式适用于安装密度较高的场合，其元器件应垂直于印制基板面，但大质量细引线的元器件不宜采用这种形式。

(4) 埋头安装。其安装形式可提高元器件的防振能力，并降低安装高度。由于元器件的壳体埋于印制基板的嵌入孔内，因此又称为嵌入式安装。

(5) 有高度限制时的安装。元器件安装高度的限制一般在图纸上是标明的，通常处理的方法是垂直插入后，再朝水平方向弯曲。对大型元器件要特殊处理，以保证其有足够的机械强度，经得起振动和冲击。

(6) 支架固定安装。其安装形式适用于质量较大的元件，如小型继电器、变压器、扼流圈等，一般用金属支架在印制基板上将元件固定。

（四）印制电路板的组装工艺流程

（1）手工装配工艺流程。在产品的样机试制阶段或小批量试生产时，印制板装配主要靠手工操作，即操作者把散装的元器件逐个装接到印制基板上。手工装配使用灵活方便，广泛应用于各道工序或各种场合，但其速度慢、易出差错、效率低，不适合现代化生产的需要。

（2）自动装配工艺流程。自动装配一般使用自动或半自动插件机和自动定位机等设备。经过处理的元器件装在专用的传输带上，间断地向前移动，保证每一次有一个元器件进到自动装配机装插头的夹具里，插装机自动完成切断引线、引线成形、移至基板、插入、弯角等动作，并发出插装完成的信号，并使所有装配回到原来的位置，准备装配第二个元件。

第二节　电子产品调试工艺

一、调试的内容

（1）通电前的检查。通电前的检查主要是为了能够发现和纠正比较明显的安装错误，避免盲目通电造成的电路损坏。通常检查的项目有电路板各焊接点有无漏焊、桥接短路；连接导线有无接错、漏接、断线；元器件的型号是否有误、引脚之间有无短路现象。有极性元器件的极性或方向连接是否正确；是否存在严重的短路现象，电源线、地线是否接触可靠。

（2）通电调试。通电调试一般包括通电观察、静态调试和动态调试等几个方面。先通电观察，然后进行静态调试，最后进行动态调试；对于较复杂的电路调试通常采用先分块调试，然后再进行总调试的方法。有时还要进行静态和动态的反复交替调试，才能达到设计要求。

(3) 整机调试。整机调试是在单元部件调试的基础上进行的。各单元部件的综合调试合格后，再装配成整机或系统。整机调试的内容包括外观检查、结构调试、通电检查、电源调试、整机统调、整机技术指标综合测试及例行试验等。

二、调试的工艺流程

电子整机因为各自单元电路的种类和数量不同，所以在具体的测试程序上也不尽相同。调试的一般程序是：接线通电→调试电源→调试电路→全参数测量→环境试验→整机参数复调。具体的调试工艺流程如下。

(1) 整机外观检查。整机外观检查主要检查外观部件是否完整，拨动、调整是否灵活。以收音机为例，应检查天线、电池夹子、波段开关、刻度盘、旋钮、开关等项目。

(2) 结构调试。结构检查主要检查内部结构装配的牢固性和可靠性。例如，电视机电路板与机座安装是否牢固，各部件之间的接插座有无虚接。

(3) 通电前检查。在通电前应检查电路板上的接插件是否正确、到位，检查电路中元器件及连线是否接错，注意晶体管管脚、二极管方向、电解电容极性是否正确，检查有无短路、虚焊、错焊、漏焊等情况，测量核实电源电压的数值和极性是否正常。

(4) 通电观察。通电后，应观察机内有无放电、打火、冒烟等现象，有无异常气味，各种调试仪器指示是否正常。如发现异常现象，应立即断电检查，待正常后才可进行下一步调试。

(5) 电源调试。电源调试的内容主要是测试各输出电压是否达到规定值，电压波形有无异常或质量指标是否符合设计要求等。通常先在空载状态下进行调试，其目的是防止因电源未调好而引起的负载部分的电路损坏。对于开关型稳压电源，应该加负载进行检测和调整。

(6) 整机统调。各单元电路、部件调整完毕后，再把所有的部件及印制电路板全部插上，进行整机统调，检查各部分连接有无影响，以及机械结构对电气性能的影响等。在调整过程中，应对各项参数分别进行测试，使测试结果符合技术文件规定的各项技术指标。整机调试完毕后，应紧固各调整元件。

(7) 通电老化试验。电子产品在测试完成后，一般要进行整机通电老化试验，目的是提高电子产品工作的可靠性。

(8) 整机参数复测。整机经通电老化后，其各项技术性能指标会发生一定程度的变化，通常还需进行参数复调，使交付使用的产品具有最佳的技术状态。

(9) 整机检验。经过上述调试步骤的整机为了达到设计技术要求，必须经过严格的技术检验。不同类型的整机有不同的技术指标及相应的测试方法，按照国家对该类电子产品的规定进行处理[①]。

(10) 例行试验。例行试验主要包括环境试验和寿命试验，环境试验是一种检验产品适应环境能力的方法。寿命试验是用来考察产品寿命周期的试验。例行试验的样品机应在检验合格的整机中随机抽取。

---

① 王家波．浅谈电子产品整机调试工艺 [J]. 现代工业经济和信息化，2017，7(06)：51–52.

第七章　传感器

第一节　传感器概述

一、检测技术概述

在现代工业生产中，为了检查、监督和控制某个生产过程或运动对象，使它们处于所选工况的最佳状态，必须掌握描述其特性的各种参数，这就需要测量这些参数的大小、方向和变化速度等。利用各种物理、化学效应，选择合适的方法与装置，将生产、科研、生活等各方面的有关信息通过检查与测量的方法，赋予其定性或定量结果的过程，称为检测技术，能够自动地完成整个检测处理过程的技术称为自动检测技术。

(一) 检测系统的组成

检测系统是指能协助完成整个检测处理过程的系统。检测技术的任务是通过一种器件或装置，对被测的物理量进行采集、变换和处理。在被测物理量中，非电量占了绝大部分，如压力、温度、湿度、流量、液位、力、应变、位移、速度、加速度、振幅等。非电量的检测多采用电测法，即首先获取被测量的信息，并通过信息的转换把获得的信息变换为电量，然后再进行一系列的处理，并用指示仪或显示仪将信息输出，或由计算机对数据进行处理，最后把信息传送给执行机构。所以，一个检测系统主要分为信息获取、信息转换、信息处理与输出等几部分，因此其主要由传感器、信号处理电路、显示装置、数据处理装置和执行机构组成[①]。

1. 传感器

传感器是把被测量（一般为非电量）变换为另一种与之有确定对应关系，并且容易测量的量（通常为电学量）的信息获取器件。传感器是实现自动检测和自动控制的重要环节，其所获得的信息关系到整个检测以及控制系统的精度。

2. 信号处理电路

信号处理电路是把微弱的传感器输出信号进行放大、调制、解调、滤波、运算以及数字化处理的电子电路，其主要作用就是把传感器输出的电学量转变成具有一定功率的模拟电压（或电流）信号或数字信号。

3. 显示装置

显示装置的主要作用就是让人们了解检测数值的大小或变化的过程。目前，常用的显示装置有模拟显示器、数字显示器、图像显示器及记录仪。

模拟显示是利用指针对标尺的相对位置来表示被测量数值的大小，如毫伏表、毫安表等，其特点是读数方便、直观，结构简单，价格低廉，在检测系统中一直被大量使用。数字显示是指用数字形式来显示测量值的大小，目前大多采用 LED 发光数码管或液晶显示屏等进行数字显示，如数字电压表。这类检测仪器还可连接打印机，用来打印测量数值记录。数字显示易于处理器处理。图像显示是指用 CRT 或点阵式的 ICD 来显示读数或被测

① 朱莎，曾晗，王师奇，付震东．一种新型微加工交直流电场传感器设计 [J]. 仪表技术与传感器，2021(06)：41-45.

参数的变化曲线，主要用于计算机自动检测系统中的动态显示。记录仪主要用来记录被测参数的动态变化过程，常用的记录仪有笔式记录仪、绘图仪、数字存储示波器、磁带记录仪等。

4. 数据处理装置

数据处理就是使用处理器对被测结果进行处理、运算、分析，并对动态测试结果进行频谱、幅值和能量谱分析等。

5. 执行机构

所谓执行机构，通常是指各种继电器、电磁铁、电磁阀、电磁调节阀、伺服电动机等。在电路中，它们是起通断、控制、调节、保护等作用的电气设备。许多检测系统能输出与被测量有关的电流或电压信号，并将其作为自动控制系统的控制信号，去驱动这些执行机构。

（二）检测系统的应用

近年来，检测系统广泛应用于生产、生活等领域，而且随着生产力水平与人类生活水平的不断提高，人们对检测技术提出了越来越高的要求。

在国防工业中，许多尖端的检测技术都是因国防工业的需要而发展起来的；在日常生活中，电冰箱中的温度传感器、监视煤气的气敏传感器、防止火灾的烟雾传感器、防盗用的光电传感器等也是随着人们生活的需要而发展起来的；在工业生产中，需要实时检测生产工艺过程中的温度、压力、流量等，否则生产过程就无法控制，而且容易发生危险，这就需要相应的检测技术；在汽车工业中，一辆现代化汽车安装的传感器多达数十种，用以检测车速、方位、转矩、振动、油压、油量和温度等。

随着现代工业的飞速发展，测控系统对检测技术提出了越来越高的要求。例如，在要求检测系统具备更高的速度、精度的同时，也要求其具有更大的灵活性和适应性以及更高的可靠性，并向多功能化、智能化方向发展。传感器的广泛使用使这些要求成为可能。传感器处于研究对象与测控系统的接口位置，是感知、获取检测信息的窗口，一切科学实验和生产过程，特别是自动检测和自动控制系统要获取的信息，都要通过传感器将其转换成容易传输与处理的电信号。

二、传感器的基本概念

传感器（Transducer、Sensor）是联系研究对象与测控系统的桥梁，是感知、获取与检测信息的窗口。一切科学实验和生产实践，特别是自动控制系统所要获取的信息，都要首先通过传感器获取并转换为容易传输和处理的信号。传感器处于被测量与控制系统的接口位置，是现代检测技术和自动控制技术的重要部件。

传感器是能感受（或响应）规定的被测量并按一定规律将其转换成可用信号输出的器件或装置，通常由直接响应于被测量的敏感元件和产生可用信号输出的转换元件以及相应的电子线路所组成。传感器的共性就是利用物理定律或物质的物理、化学或生物特性，将非电量（如位移、速度、加速度、力等）输入转换成电量（如电压、电流、频率、电荷、电容、电阻等）输出。从广义上讲，传感器也是换能器的一种，换能器（Transducer）是将能量从一种形式转换为另一种形式的装置。

（一）传感器的组成

根据传感器的定义，传感器的基本组成包括敏感元件和转换元件两部分，由它们分别完成检测和转换两个基本功能。

其中，敏感元件是指传感器中能直接感受和响应被测量，并将其转换成与被测量有确定关系、更易于转换的非电量的部分；转换元件是指传感器中能将敏感元件感受或响应的被测量部分转换成适于传输和处理的电信号的部分；信号调理与转换电路是将转换元件输出的电路参数接入信号调理电路并将其转换成易于处理的电压、电流或频率量。新型的集成电路传感器将敏感元件、转换元件以及信号调理与转换电路集成一个器件。

(二) 传感器的分类

传感器的原理各异、种类繁多，分类方法也不尽相同。

1. 按被测物理量分类

传感器根据被测量的性质进行分类，如被测量分别为温度、湿度、压力、位移、流量、加速度、光，则对应的传感器分别为温度传感器、湿度传感器、压力传感器、位移传感器、流量传感器、加速度传感器、光电传感器。

2. 按工作原理分类

传感器按工作原理划分时，可以将物理、化学、生物等学科的原理、规律和效应作为分类依据，并将传感器分为电阻式、电感式、电容式、阻抗式、磁电式、热电式、压电式、光电式、超声式、微波式等传感器。

3. 按转换能量供给形式分类

传感器按转换能量供给形式分为能量变换型（发电型）和能量控制型（参量型）两种。能量变换型传感器在进行信号转换时无须另外提供能量，就可将输入信号的能量变换为另一种形式的能量输出。能量控制型传感器工作时必须有外加电源。

第二节　电阻式传感器

电阻式传感器是将被测量的变化转化为传感器电阻值的变化，再经过一定的测量电路实现对测量结果输出的检测装置。电阻式传感器应用广泛、种类繁多，如应变式、压阻式传感器等。

一、应变式传感器

(一) 电阻应变效应

电阻应变片式传感器利用了金属和半导体材料的应变效应。应变效应是金属和半导体材料的电阻值随其所受的机械变形大小而发生变化的一种物理现象。

电阻应变片主要分为金属电阻应变片和半导体应变片两类。金属电阻应变片分为体型和薄膜型两种，其中体型应变片又分为电阻丝栅应变片、箔式应变片、应变化等；半导体应变片是用半导体材料做敏感栅制成的，其主要优点是灵敏度高，缺点是灵敏度的一致性差、温度变化大、线性特性不好。

设有一长度为 L、截面积为 A、电阻率为 ρ 的金属丝，它的电阻值 R 可表示为:

$$R=\rho\frac{L}{A} \tag{7-1}$$

当均匀拉力 (或压力) 沿金属丝的长度方向作用时，式 (7-1) 中的 L、A 都将发生变化，从而导致电阻值 R 发生变化，即

$$\mathrm{d}R=\frac{\rho}{A}\mathrm{d}L-\frac{\rho L}{A^2}\mathrm{d}A+\frac{L}{A}\mathrm{d}\rho \tag{7-2}$$

电阻相对变化量为：

$$\frac{\mathrm{d}R}{R}=\frac{\mathrm{d}L}{L}-\frac{\mathrm{d}A}{A}+\frac{\mathrm{d}\rho}{\rho} \tag{7-3}$$

由材料力学知识，将金属丝的应变ε、弹性模量E、泊松比μ与压阻系数λ带入式(7-3)可得到电阻的相对变化量：

$$\frac{\mathrm{d}R}{R}=\left(1+2\mu+\lambda E\right)\varepsilon \tag{7-4}$$

由式(7-4)可知，电阻的相对变化量是由两方面的因素决定的：一个因素是金属丝几何尺寸的改变，即$(1+2\mu)$项；另一个因素是材料受力后，材料的电阻率ρ发生的变化，即XE项。对于特定的材料，$(1+2\mu+\lambda E)$是一个常数，因此，式(7-4)所表达的电阻丝的电阻变化率与应变呈线性关系，这就是电阻应变式传感器测量应变的理论基础。

对于金属电阻应变片，材料电阻率随应变产生的变化很小，可忽略不计，电阻的相对变化量可以表示为：

$$\frac{\Delta R}{R}\approx\left(1+2\mu\right)\varepsilon=K_0\varepsilon \tag{7-5}$$

金属电阻应变片就是基于应变效应导致其材料几何尺寸变化的原理制作而成的。

（二）电阻应变式传感器

电阻应变式传感器是利用弹性元件和电阻应变片将应变转换为电阻值变化的传感器。金属电阻应变片有丝式和箔式等结构形式。丝式电阻应变片是用一根金属细丝按图示的形状弯曲后用胶粘剂贴于衬底上，衬底用纸或有机聚合物等材料制成，电阻丝的两端焊有引出线。箔式电阻应变片是用光刻、腐蚀等工艺方法制成的一种很薄的金属箔栅。其优点是表面积大、散热条件好、可做成任意形状，便于大批量生产[1]。

电阻应变式传感器的应用十分广泛，它可以测量应变应力、弯矩、扭矩、加速度、位移等物理量。例如，应变式力传感器可以检测荷重或力等物理量，并用于各种电子秤与材料试验机的测力元件、发动机的推力测试、水坝坝体承载状况监测等；应变式压力传感器可以用来测量流动介质的动态或静态压力；应变式加速度传感器用于测量物体的加速度，然而加速度是运动参数而不是力，所以需要经过质量惯性系统将加速度转换成力，再作用于弹性元件上来实现测量。

二、压阻式传感器

压阻式传感器是利用固体的压阻效应制成的一种测量装置。

(一) 压阻效应

对一块半导体的某一轴向施加作用力时，它的电阻率会发生一定的变化，这种现象即为半导体的压阻效应。不同类型的半导体，施加不同载荷方向的作用力，其压阻效应也不同。则式 (7-3) 中电阻的相对变化量可以表示为：

$$\frac{\mathrm{d}R}{R}=\left(1+2\mu\right)\varepsilon+\frac{\Delta\rho}{\rho} \tag{7-6}$$

对于压阻系数为 π 的半导体材料，当产生压阻效应时，其电阻率的相对变化与应力间的关系为：

$$\frac{\Delta\rho}{\rho}=\pi\sigma=\pi E\varepsilon \tag{7-7}$$

---

① 谷恒．应变式力传感器交 / 直流激励测量方法研究与系统研制 [D]. 合肥工业大学，2020.

对半导体材料而言，$\pi E >> (1+2\mu)$，故半导体材料的电阻值变化主要是由电阻率变化引起的，而电阻率ρ的变化是由应变引起的，这就是压阻式传感器的基本工作原理。

(二) 半导体压阻传感器

半导体压阻传感器的工作原理主要是基于半导体材料的压阻效应，压阻式传感器具有频响高、体积小、精度高、测量电路与传感器一体化等特点，压阻式传感器相当广泛地应用在航天、航空、航海、石油、化工、动力机械、生物医学、气象、地质地震测量等各个领域。例如，在爆炸压力和冲击波的测试中就应用了压阻式压力传感器；在汽车工业中，用硅压阻式传感器与电子计算机配合可监测和控制汽车发动机的性能；在机械工业中，它可用来测量冷冻机、空调机、空气压缩机、燃气涡轮发动机等气流的流速，并监测机器的工作状态。由于半导体材料对温度很敏感，因此压阻式传感器测量的温度误差较大，必须有温度补偿。

第三节　电感式传感器

一、电感式传感器

电感式传感器是利用电磁感应原理，将被测的物理量如位移、压力、流量、振动等转换成线圈的自感系数L或互感系数M的变化，再由测量电路转换为电压或电流的变化量输出，实现由非电量到电量转换的装置。

（一）自感式传感器

将非电量转换成自感系数变化的传感器通常称为自感式传感器。电感式传感器通常是指自感式传感器，它主要是由铁芯、衔铁和绕组三部分组成。这种传感器的线圈匝数和材料导磁系数都是一定的，且在铁芯和衔铁间有气隙，气隙厚度为δ，当衔铁移动时，气隙厚度发生变化，引起磁路中的磁阻发生变化，从而导致线圈的电感值变化。当把线圈接入测量电路并接通激励电源时，就可获得正比于位移输入量的电压或电流输出。

由于改变δ可使气隙磁阻发生变化，从而使电感发生变化，所以这种传感器也叫变磁阻式传感器。

（二）互感式传感器

互感式传感器是根据互感原理制成的，是把被测位移量转换为初级线圈与次级线圈间的互感量变化的检测装置。互感传感器有初级线圈和次级线圈，初级线圈接入激励电源后，次级线圈将因互感而产生电压输出。当线圈间互感随被测量变化时，其输出电压将产生相应的变化。

互感式传感器本身是一个变压器，初级线圈输入交流电压，次级线圈感应出电信号。当互感受外界影响变化时，其感应电压也随之发生相应的变化，由于它的次级线圈接成差动的形式，故称为差动变压器。其结构形式较多，有变隙式、变面积式和螺线管式等。它由两个相同的电感线圈和磁路组成。测量时，衔铁与被测物体相连，当被测物体上下移动时，带动衔铁以相同的位移上下移动，两个磁回路的磁阻发生大小相等、方向相反的变化，一个线圈的电感量增加，另一个线圈的电感量减小，形成差动结构[1]。

差动变压器式传感器具有精确度高、线性范围大、稳定性好和使用方便等特点，被广泛应用于位移的测量中；也可借助于弹性元件将压力、质量等物理量转换为位移的变化，从而将其应用于压力、质量等物理量的测量中。

二、电感式传感器的应用

电感式传感器的应用比较广泛，下面将具体阐述电感式传感器在圆度仪中的应用。

机械加工中常需要测量工件的圆度误差或机床的主轴回转误差，圆度误差的检测是一项重要而且复杂的工作。按 GB1183-80 与 GB1958-80 的规定，对于一个回转体零件，其横截面轮廓是否为一正圆，需要与一理想圆进行比较才能得出结论。圆度误差的评定过程就是将被测横截面的实际轮廓与理想圆比较的过程。

(一) 圆度仪的工作过程及检测原理

圆度仪的工作过程：传感器和测量头固定不动，被测零件放置在仪器的回转工作台上，随工作台一起回转，这种仪器常制成紧凑的台式仪器，易于测量小型工件的圆度误差。

该仪器的检测原理为将被测工件放置在一个旋转的工作台上，通过传感器的测量头与被测工件轮廓接触。在转台转动过程中，传感器测端的径向变化与被测轮廓相当，此变化量由传感器接收，并转换成电信号输入信号调理电路，最后送入单片机进行数据处理和分析，并驱动记录仪表头，用电敏方式将轮廓的径向

① 叶庆彬，朱毅，贺一平，于慧芹．提高电感式角度传感器装调合格率 [J]. 质量与可靠性，2016(05)：48-53，59.

变化记录在与转台同步转动的记录器的火花记录纸上，然后由检测人员借助一个同心圆透明样板，人工评定被测工件的圆度误差及其偏心值。在整个仪器中，核心部分是信号拾取，也就是利用传感器来检测被测工件轮廓的变化并转换成电信号，再将此电信号进行处理后送入微机中进行处理。

（二）圆度误差测量的电感式传感器

圆度误差测量的传感器有很多种，如电容式传感器、涡流式传感器、电感式传感器等。本书选用的是电感式传感器，它是将被测部件几何尺寸的微小变化转换为线圈的电感变化来实现测量。它具有精度高、工作稳定、结构简单的特点。

检测工作台上的电感传感器与工件表面轮廓相接触，将其径向位移信号转换成高频调制信号，输入信号采集和控制卡中，然后经过倍率选择、放大滤波、调制电路和A/D转换电路完成信号的前端处理和转换。高频振荡“携带”低频信号，是由低频信号去控制等幅高频振荡源的某一参数（振幅、频率或初相位）来达到的。用低频信号控制高频振荡的过程称为调制，当被控制的是高频振荡的幅度时，这种调制称为调幅，即调幅是指用调制信号控制高频载波的振幅，使之按照调制信号的变化规律而变化的过程。在精密检测（例如，检测精度为0.01μm）中，检测传感器的选择对最后的计算结果有很大影响。采用调制信号可大大提高信号的抗干扰能力，加上适当的带通滤波，可使干扰减少到最小，其调制的过程是通过线性差动变压器来实现的。

线性差动变压器是一种电气变换机构，可将与线圈分离的磁芯的位移变换为正比于该位移的电气信号。其测量范围由线圈的长度和磁芯的移动量决定，能适应0.001μm到数毫米范围的位移测量。

传感器的磁芯要求用软磁材料，剩磁要小，以免影响传感器的线性和跟踪特性。传感器的热稳定性要好，不至于因温度变化造成传感器输出的漂移。磁芯尺寸及磁特性要一致，以免造成传感器特性的分散现象（制造出的传感器输出灵敏度各不相同）。传感器的运动部分为一滑杆，其一端与磁芯固定在一起，另一端与测量头相连接，滑杆在壳体的衬套中滑动。

传感器外壳用导磁不锈钢制成，它能屏蔽外磁场的干扰，传感器的外壳要通过屏蔽线接地以免电场干扰。

信号的处理和转换电路的设计思路如下：调幅电感传感器输出的调制信号，首先经过一路交流放大电路后进行倍率选择，完成不同放大倍率的切换；然后经过三级交流放大、滤波电路完成调制信号的预处理，这一部分不仅增强了有用信号，而且对杂波和其他噪声信号进行有效的滤除；随后与原载波信号共同被输入调制检波电路，实现检测信号与载波高频信号的分离，最后输入采样电路，完成模拟信号到数字信号的转换。

实际测试表明，采用电感式传感器的圆度仪具有体积小、精度高的特点，测试精度达到了工厂的标准要求。

第四节　热电式传感器

热电式传感器是一种将温度变化转换为电量变化的装置，它通过测量传感元件的电磁参数随温度的变化来实现温度的测量。热电式传感器的种类很多，在各种热电式传感器中，以把温度转换为电势和电阻的方法最为普遍。其中，将温度的变化转换为电势的热电式传感器称为热电偶；将温度的变化转换为电阻的热电式传感器，包括热电阻及热敏电阻。

一、热电偶

热电偶是将温度变化转换为热电势变化的传感器，其构造简单、使用方便、测温范围宽、有较高的精确度和稳定性，在温度的测量中应用十分广泛。

（一）热电偶与热电效应

两种不同材料的导体组成一个闭合回路时，若两接点的温度不同，则在该回路中会产生电势，这种现象称为热电效应，该电势称为热电势。

通常把两种不同金属的这种组合称为热电偶，A 和 B 称为热电极，温度高的接点称为热端，温度低的接点称为冷端。热电偶是利用导体或半导体材料的热电效应将温度的变化转换为电势变化的元件。

组成热电偶回路的两种导体材料相同时，无论两接点的温度如何，回路总热电势为零；若热电偶两接点的温度相等，即 $T=T_0$，则回路总热电势仍为零；热电偶的热电势输出只与两接点的温度及材料的性质有关，与材料 A、B 的中间各点的温度、形状及大小无关；在热电偶中插入第三种材料，只要插入材料两端的温度相同，则对热电偶的总热电势没有影响。

（二）热电材料与应用

常用热电材料有贵金属和普通金属两种，贵金属热电材料有铂铑合金和铂；普通金属热电材料有铁、铜、镍铬合金、镍硅合金等。不同的热电极材料的测量温度范围不同，一般热电偶可适用于 0℃ ~ 1800℃范围内的温度测量。

热电偶根据测量需要，可以连接成检测单点温度、温度差、温度和、平均温度等线路，与热电偶配用的测量仪表可以是模拟仪表或数字仪表。若要组成自动测温或控温系统，可直接将数字电压表的测温数据通过接口电路和测控软件连接到控制机中，从而对温度进行计算和控制 ①。

二、热电阻

热电阻是利用金属导体的电阻值随温度的变化而变化的原理进行测温的传感器。温度升高时，金属内部原子晶格的振动加剧，从而使金属内部的自由电子通过金属导体时的阻碍增大，宏观上表现出电阻率变大，电阻值增加，即电阻值与温度的变化趋势相同。

热电阻主要用于中、低温度（-200℃ ~ 650℃或 850℃）范围内的温度测量。常用的工业标准化热电阻有铂热电阻、铜热电阻和镍热电阻。

(一) 铂热电阻

铂是一种贵金属，铂电阻的特点是测温精度高、稳定性好、性能可靠，尤其是其耐氧化性能很强，因此，铂热电阻主要用于高精度的温度测量和标准测温装置。铂热电阻的测温范围为 -200℃ ~ 850℃，分度号为 Pt50（R_0=50.00 Ω）和 Pt100（R=100.00 Ω）。

① 宋楠 . 脉冲电热式油压表传感器工艺设计 [J]. 企业技术开发，1998(12): 4–7.

(二) 铜热电阻

铜热电阻的价格便宜，如果测量精度要求不太高，或测量温度小于150℃时，可选用铜热电阻，铜热电阻的测量范围是-50℃～150℃。在测温范围内，其线性较好，电阻温度系数比铂高，但电阻率较铂小，在温度稍高时，易于氧化。因此，它只能用于150℃以下的温度测量。

(三) 镍热电阻

镍热电阻的测温范围为-100℃～+300℃，它的电阻温度系数较高，电阻率较大，但易氧化，化学稳定性差，不易提纯，非线性较大，因此目前应用不广。

热电阻传感器的测量线路一般使用电桥，在实际应用中，人们将热电阻安装在生产环境中，用来感受被测介质的温度变化，而测量电阻的电桥通常作为信号处理器或显示仪表的输入单元，随相应的仪表安装在控制室内。

三、热敏电阻

热敏电阻是利用半导体的电阻值随温度变化而发生显著变化的这一特性制成的一种热敏元件，其特点是电阻率随温度变化而发生显著变化。与其他温度传感器相比，热敏电阻温度系数大、灵敏度高、响应迅速、测量线路简单。

(一) 热敏电阻的分类

热敏电阻的温度系数有正有负，按温度系数的不同，热敏电阻可分为正温度系数（PTC）热敏电阻、负温度系数（NTC）热敏电阻和临界温度电阻器（CTR）三种类型。

1. PTC 热敏电阻

PTC 热敏电阻可作为温度敏感元件，也可以在电子线路中起限流、保护作用。PTC 突变型热敏电阻主要用作温度开关；PTC 缓变型热敏电阻主要用于在较宽的温度范围内进行温度补偿或温度测量。

2. NTC 热敏电阻

NTC 热敏电阻主要用于温度测量和补偿，测温范围一般为 -50℃ ~ 350℃，也可用于低温测量（-130℃ ~ 0℃）、中温测量（150℃ ~ 750℃），甚至更高温度，其测量温度的范围根据制造时的材料不同而变化。

3. CTR 热敏电阻

CTR 为临界温度热敏电阻，一般也是负温度系数热敏电阻，但与 NTC 不同的是，在某一温度范围内，CTR 电阻值会发生急剧变化，其主要用作温度开关。

（二）热敏电阻的应用

热敏电阻的测温范围为 -50℃ ~ 450℃，主要用于点温度、小温差温度的测量以及远距离、多点测量与控制，温度补偿和电路的自动调节等，它广泛应用于空调、冰箱、热水器、节能灯等家用电器的测温、控温及国防、科技等各领域的温度控制。例如，在现代汽车的发动机、自动变速器和空调系统中均使用热敏电阻温度传感器，用于测量发动机的水温、进气温度、自动变速器的油液温度、空调系统的环境温度，并为发动机的燃油喷射、自动变速器的换挡、离合器的锁定、油压控制以及空调系统的自动调节提供数据。

四、集成温度传感器

集成温度传感器是把温敏元件、偏置电路、放大电路及线性化电路集成在同一芯片上的温度传感器。与分立元件的温度传感器相比，集成温度传感器的最大优点在于小型化、使用方便和成本低廉。集成电路温度传感器的通常工作温度范围为 -50℃～+150℃，具体数值可能因型号和封装形式的不同而不同。目前，大批量生产的集成温度传感器类型有电流输出型、电压输出型和数字信号输出型三种。

电流输出型温度传感器是把线性集成电路和与之相容的薄膜工艺元件集成在一块芯片上，再通过激光修版微加工技术，制造出性能优良的测温传感器。这种传感器的输出电流与热力学温度成正比，而且输出恒流，具有高输出阻抗。AD590 是电流输出型温度传感器的典型产品，适合远距离测量或多点温度测量系统。

电压型 IC 温度传感器是将温度传感器基准电压、缓冲放大器集成在同一芯片上的传感器。其具有输出电压高、输出阻抗低、抗干扰能力强等特性，但不适用于长线传输。LM135 系列集成温度传感器是电压输出型温度传感器，其输出电压与绝对温度成正比，灵敏度为 10mV/K，适用于工业现场测量。

第五节　气体传感器与湿度传感器

一、气体传感器

气体传感器是一种把气体中的特定成分检测出来并将它转

换为电信号的传感器件。气体传感器可以用来检测气体类别、浓度和成分等。由于气体种类繁多，性质各不相同，因此气体传感器的种类较多，需要根据不同的使用场合选用，其中应用较多的是半导体气体传感器。

半导体气体传感器是利用气体吸附而使半导体本身的电阻值发生变化的特性制作而成的，即利用半导体气敏元件同待测气体接触，造成半导体的电导率等物理性质发生变化的原理来检测特定气体的成分或者浓度。半导体气体传感器可分为电阻式和非电阻式两类，其中电阻式气体传感器是用氧化锡、氧化锌等金属氧化物材料制作的敏感元件，当敏感元件接触气体时，其电阻值发生的变化可以用来检测气体；非电阻式气体传感器是与被测气体接触后，可利用其伏安特性或阈值电压等参量发生变化的特性检测气体的成分或浓度。

半导体气体传感器具有结构简单、使用方便、工作寿命长等特点，可以应用在可燃性气体泄漏报警、汽车发动机燃料控制、食品工业气体检测、大气污染检测等领域。例如，对各种易燃、易爆、有毒、有害气体的检测和报警[①]。

二、湿度传感器

湿度传感器是能够感受外界湿度变化，并通过湿敏元件材料的物理或化学性质变化，将湿度大小转化成电信号的器件。湿度是指物质中所含水蒸气的量，目前的湿度传感器多数是测量气氛中的水蒸气含量，通常用绝对湿度、相对湿度和露点（或露点温度）来表示。

---

① 牛小民，李永财，武传伟，陆漫．不同气体传感器长期使用性能演变和补偿 [J]．电气防爆，2020(06)：6-11.

湿度传感器按输出的电学量可分为电阻式、电容式等。其中，湿敏电阻传感器简称湿敏电阻，是一种对环境湿度敏感的元件，它的电阻值会随着环境相对湿度的变化而变化。湿敏电阻是利用某些介质对湿度比较敏感的特性制成的，它主要由感湿层、电极和具有一定机械强度的绝缘基片组成。它的感湿特性随着使用材料的不同而有所差别，有的湿敏电阻还具有防尘外壳的特点。

第六节　其他传感器

一、红外传感器

红外传感器是利用红外辐射原理来实现相关物理量测量的一种传感器。红外辐射本质上是一种热辐射，任何物体的温度只要高于绝对零度（-273℃），就会向外部空间以红外线的方式辐射能量。物体的温度越高，辐射出来的红外线越多，辐射的能量也就越强。红外线作为电磁波的一种形式，红外辐射和所有的电磁波一样，是以波的形式在空间中直线传播的，具有电磁波的一般特性[①]。

红外传感器又称为红外探测器，按其工作原理可分为热探测器和光子探测器两类。

（一）热探测器

热探测器是利用红外线被物体吸收后将转变为热能这一特

① 陈淑芳．红外传感器在智能教室照明控制中的应用 [J]. 光源与照明，2020（11）：47-49.

性工作的。当热探测器的敏感元件吸收红外辐射后将引起温度升高，使敏感元件的相关物理参数发生变化，通过对这些物理参数及其变化的测量就可确定探测器所吸收的红外辐射量。在红外辐射的热探测中常用的物理现象有温差热电现象、金属或半导体电阻阻值变化现象、热释电现象、金属热膨胀现象、液体薄膜蒸发现象等。只要检测出上述变化，即可确定被吸收的红外辐射能量的大小，从而得到被测非电量值。

(二) 光子探测器

利用光子效应制成的红外探测器称为光子探测器。所谓光子效应，就是当有红外线入射到某些半导体材料上时，红外辐射中的光子流与半导体材料中的电子相互作用，改变了电子的能量状态，引起各种电学现象。通过测量半导体材料中电子能量状态的变化，就可以了解红外辐射的强弱。常用的光子效应有光电效应、光生伏特效应、光电磁效应、光电导效应。

红外传感器经常用于远距离红外测温，红外气体分析与卫星红外遥测等。

二、微波传感器

微波传感器是利用微波特性来检测某些物理量的装置。

(一) 微波及其特点

微波是介于红外线与无线电波之间的波长为 1 ~ 1000 mm 的电磁波。微波既具有电磁波的性质，又不同于普通无线电波和光波。微波具有定向辐射的特性，其装置容易制造，遇到各种障碍物时易于反射，绕射能力差，传输特性好，传输过程中受烟雾、火焰、灰尘、强光的影响很小，介质对微波的吸收与介质的介电常数成正比。

（二）微波传感器

由发射天线发出的微波，遇到被测物时将被吸收或反射，使其功率发生变化，再通过接收天线，接收通过被测物或由被测物反射回来的微波，并将它转换成电信号，再由测量电路进行测量和指示，就实现了微波检测。微波检测传感器可分为反射式与遮断式两种。

1. 反射式微波传感器

反射式微波传感器通过检测被测物反射回来的微波功率或经过的时间间隔来测量被测物。它可以测量物体的位置、位移、厚度等参数。

2. 遮断式微波传感器

遮断式微波传感器通过检测接收天线接收到的微波功率大小，来判断发射天线与接收天线间有无被测物以及被测物的位置与含水量等参数。

微波检测技术的应用较为广泛。常用的有微波液位计、微物位计、微浓测厚仪、微波湿度传感器、微波无损检测仪与用来探测运动物体的速度、方向与方位的微波多普勒传感器。

三、超声波传感器

超声波传感器是一种以超声波作为检测手段的新型传感器。

声波是频率在 16 Hz ~ 20 kHz 的机械波，人耳可以听到。低于 16 Hz 和高于 20 kHz 的机械波分别称为次声波与超声波。超声波的波长较短，近似做直线传播，它在固体和液体媒质内的衰减比电磁波小，能量容易集中，可形成较大强度，产生激烈振动，并能起到很多特殊作用。

超声波能在气体、液体、固体或它们的混合物等各种媒质中传播，也可在光不能通过的金属、生物体中传播，是探测物质内部的有效手段。超声波传感器是检测伴随超声波传播的声压或介质变形的装置，其必须产生超声波和接收超声波。利用压电效应、电应变效应、磁应变效应、光弹性效应等应变与其他物理性能的相互作用的方法，或利用电磁的或光学的手段等可检测由声压作用产生的振动。超声波传感器按其工作原理可分为压电式、磁致伸缩式、电磁式传感器等，以压电式超声波传感器最为常用。

超声波传感器利用超声波的各种特性，可做成各种超声波检测装置，广泛地应用于冶金、船舶、机械、医疗等领域的超声探测、超声测量、超声焊接，医院的超声医疗和汽车的倒车雷达等。

四、智能传感器

智能传感器（Intelligent Sensor）是带微处理器、兼有信息检测和信息处理功能的传感器。其最大的特点就是将传感器检测信息的功能与微处理器的信息处理功能有机地融合在一起。

智能式传感器包括传感器的智能化和智能传感器两种主要形式。传感器的智能化是采用微处理器或微型计算机系统来扩展和提高传统传感器的功能，传感器与微处理器可分为两个独立的功能单元，传感器的输出信号经放大调理和转换后由接口送入微处理器进行处理；它是借助于半导体技术将传感器部分与信号放大调理电路、接口电路和微处理器等制作在同一块芯片上，即形成大规模集成电路的智能传感器。

智能传感器具有自校准和自诊断功能，数据存储、逻辑判断和信息处理功能，组态功能与双向通信功能。智能传感器不仅能自动检测各种被测参数，还能进行自动调零、自动调平衡、自动校准，某些智能传感器还能进行目标定位；智能传感器可对被测参数进行信号调理或信号处理（包括对信号进行预处理、线性化，或对温度、静压力等参数进行自动补偿等）；在智能传感器系统中可设置多种模块化的硬件和软件，用户可通过微处理器发出指令，改变智能传感器的硬件模块和软件模块的组合状态，完成不同的测量功能。

智能传感器具有多功能、一体化、集成度高、体积小、适宜大批量生产、使用方便等优点，它是传感器发展的必然趋势，它的发展将取决于半导体集成化工艺水平的进步与提高。然而，目前广泛使用的智能式传感器，主要是通过传感器的智能化来实现的。

五、微传感器

微传感器是尺寸微型化的传感器，是利用集成电路工艺和微组装工艺将基于各种物理效应的机械、电子元器件集成在一个基片上的传感器。微传感器是微机电系统的重要组成部分。

微机电系统（Micro Electro Mechanical System，MEMS），是在微电子技术（半导体制造技术）的基础上发展起来的，它是由微传感器、微执行器、信号处理和控制电路、通信接口和电源等部件组成的微型器件或系统。MEMS 是融合了光刻、腐蚀、薄膜、LIGA、硅微加工、非硅微加工和精密机械加工等技术制作而成的高科技电子机械器件。

随着 MEMS 技术的迅速发展，作为微机电系统一个构成部分的微传感器也得到了长足发展。微米量级的特征尺寸使得它可以完成某些传统机械传感器所不能实现的功能。微传感器涉及物理学、半导体、光学、电子工程、化学、材料工程、机械工程、医学、信息工程及生物工程等多种学科和工程技术，为智能系统、消费电子、可穿戴设备、智能家居、系统生物技术的合成生物学与微流控技术等领域开拓了广阔空间。例如，在汽车内安装的微传感器已达上百个，用于传感气囊、压力、温度、湿度、气体等情况，并已能进行智能控制。

第八章　三相交流异步电动机

第一节　三相交流异步电动机的构造与工作原理

电动机是一种将电能转化为机械能的电力拖动装置，就是人们俗称的“马达”。其广泛应用于各行各业，作为动力源用以驱动各类机械设备。随着生产自动化和智能生活水平的不断提升，电动机械的地位在人类社会中逐渐凸显，如果将各种机械结构比作四肢，传感器比作神经系统，中央处理器比作大脑，那么电动机就应当是心脏。大到力大无比的起重装备，小到孩子们手中的电动玩具，都不能离开电动机。

一、电动机的分类

在生活中，电动机经常简称为“电机”。其实，从广义上讲，“电机”是电能变换装置的总称，包括旋转电机和静止电机。旋转电机是根据电磁感应原理来实现电能与机械能之间相互转换的一种能量转换装置，包括电动机与发电机；静止电机则是根据电磁感应定律和磁势平衡原理来实现电压变化的一种电磁装置，也称为变压器。

就其中的电动机大分而言，可细分出不同类型的多个成员，它是一个复杂且庞大的“家族体系”。其分类方式多种多样，仅依据电动机工作的电源种类来划分整个“家族”。首先可将其划分为直流电动机和交流电动机两个大类。根据适用场合、先进程度等因素不同，这两种电动机又可细分为多条分支。

在各种各样的电动机中，三相交流异步电动机的产量大、配套广、维护便捷，已成为工业生产上中小型电动机的主导力量，如各式机床、起重机、锻压机、传送带、铸造机械等均采用了三相交流异步电动机。本章的重点是以三相交流异步电动机作为继电接触器系统的被控对象进行研究与安装。

二、三相交流异步电动机的构造

一台三相交流异步电动机的前、后端盖、吊环、机座组成了电动机的固定装置与外壳；风扇、风罩是电动机的散热部分；接线盒提供为电动机供电的电源引线；而电动机的核心组成部件则为定子部分（包括定子铁芯与定子绕组）和转子部分（包括转子铁芯与转子绕组）。

通过电动机外部的螺丝，可首先将风罩与风扇拆卸，进而拆解前、后端盖，这时电动机的定子与转子部分便能够看到。定子绕组通常以漆包线的形式缠绕于定子铁芯上，定子铁芯除用于固定绕组之外，也可以起到加强磁场的作用；而定子与转子之间的联系依靠两者之间的气隙，并无任何电气或机械连接。

转子绕组主要有两种形式，即鼠笼型和绕线型。鼠笼型绕组的结构简单、价格低廉、运行可靠、维护方便，但启动电流大、启动转矩小，适用于启动转矩小、转速无须调节的生产机械；绕线型绕组相对来说结构复杂、价格高、维护量较大，但其启动转矩要比鼠笼型的启动转矩更大，适用于启动负荷大、需要一定调速范围的场合。转子绕组、转子铁芯与转轴相互固定，组成电动机的旋转部分。

三、三相交流异步电动机的工作原理

（一）三相交流异步电动机磁路的产生

因为三相交流异步电动机底座是用铸铁制成，机座内装有相互绝缘的硅钢片，并且叠制成桶形铁芯，铁芯内腔有分布均匀的槽，槽内放置定子三相绕组。三相交流异步电动机的转子铁芯也是用硅钢片制成，硅钢片表面也有均匀分布的槽，其作用是用来放置转子绕组，并且制成圆柱体安装在转轴上，转子铁芯与定子铁芯之间存在一定空隙，如此分布，三相交流异步电动机的磁路自然就形成了[①]。

（二）三相交流异步电动机旋转磁场的形成

为了理解方便，我们假想把三相交流异步电动机的三相对称定子绕组放置理想的空间，要求做成相同的三个绕组，彼此摆放之间间隔120度，并且三个相同的三相绕组做成星形联结。当给对称三相定子绕组通入对称的三相交流电流时，瞬间定子电流就会产生磁场，并且以相同的转速按照顺时针方向旋转，和停止的转子之间有着相对运动，相当于磁场静止，此时转子沿着逆时针方向旋转切割磁感应线而产生的感应电压，其方向是用右手测定而确定。由于转子绕组电路是通过短路环自行封闭，所以在感应电压作用下，在转子导体中产生转子电流，而转子导体处于磁场之中，将会受到电磁力的作用，此时电磁力对转轴形成了电磁转矩，于是转子在电磁转矩的作用下转动起来。其方向与旋转磁场

---

① 杨骏博．异步电动机的效率优化控制 [D]. 西安：西安理工大学，2020: 19.

方向一致，这就是三相交流异步电动机转动的原理。值得注意的是，三相交流异步电动机的转向与旋转磁场的转向相同，但是电动机的转速始终低于旋转磁场的转速，这就是三相交流异步电动机独特之处。同时也只有必备这个条件，三相交流异步电动机才能转动起来，这也是为什么叫三相交流异步电动机的原因。

第二节　三相交流异步电动机的应用与安全保护

一、三相交流异步电动机的应用

三相交流异步电动机其实就是将电能转化为机械能的一种设备，并且它是利用电磁感应原理工作，因此也叫三相感应电动机。三相交流异步电动机与其他三相电动机相比较，其优点表现在：首先是工作效率高，噪声低，振动小、结构简单、制造容易、价格便宜、运行可靠、维护方便；其次是三相交流异步电动机过载能力要比其他三相电动机过载能力强（电动机过载能力大小是衡量电动机性能优差的主要依据。根据资料和曲线图分析得知，一般电动机过载能力为 1.8～2.5，而小型三相交流异步电动机过载能力为 2.2～2.4）。三相交流异步电动机的应用广泛性远超其他类型的三相电动机。但是，三相交流异步电动机也存在一些不足，主要表现是功率因素低，调速性能差。所以，三相交流异步电动机的应用也受到了一定的限制。随着我国科学技术的不断进步，三相交流异步电动机的技术将在未来得到进一步完善，应用会得到进一步发展。

二、三相交流异步电动机运行管理安全保护措施

第一，从三相交流异步电动机的运行来看：三相交流异步电动机故障大体可以分为两部分：一部分是机械原因，主要表现为轴承和风机的磨损与损坏；另一部分是电磁故障，二者相互关联。轴承损坏，引起三相交流异步电动机过载，甚至堵转，致使风机损坏，导致电动机散热困难，温度快速升高，造成绝缘受损，使用寿命缩短。解决方法就是对设备制定规范管理模式，定期做维护保养。

第二，从三相交流异步电动机的结构看：鼠笼式三相交流异步电动机的定子铁芯放置在绕组槽内必须有良好的绝缘性。绕线式三相交流异步电动机的转子绕组与定子绕组一样，绕组与铁芯间有绝缘层，三个端线所接的铜（或铝）制滑环，环与环之间、环与转轴之间也彼此存在可靠的绝缘性能。为了确保三相交流异步电动机相与相之间、相与带电体之间、带电体和外壳之间的绝缘性能，必须使用耐热等级较好的绝缘材料。避免三相交流异步电动机运行中出现异常温差、异常抖动、异常磨损、异常响声等问题，给三相交流异步电动机带来伤害。

第三，三相交流异步电动机日常使用、管理保护措施不到位。

（1）三相交流异步电动机日常使用、管理保护措施经常被人们忽视，导致三相交流异步电动机因管理不当而缩短使用寿命甚至造成损坏的情况较多。三相交流异步电动机的使用单位要求管理人、使用人必须有足够的业务技能知识，有较强的工作责任心，在使用前应充分考虑周围环境因素。否则，会出现因使用环境恶劣，如潮湿、有震动、有腐蚀性气体、散热条件差等因素，使得触头损坏、接线柱氧化或接触不良，造成三相交流异步电动

机缺相烧毁事件。为了避免三相交流异步电动机因使用环境因素和管理措施不到位造成的伤害，在使用前必须选择满足环境要求的三相交流异步电动机、电器元件，符合要求的安全防护措施。必要时强制改善周围环境，定期更换电器元器件，使得三相交流异步电动机的性能、使用价值得以充分发挥。

（2）三相交流异步电动机在安装中，因安装人员技能水平不高，管理松散，工作人员工作不认真等因素导致三相交流异步电动机安装存在缺陷，造成导线断裂或绝缘受损等情况，出现漏电、短路、缺相。因此，在安装施工过程中，要严格遵循行业规范、认真组织、文明施工、严格把关，待安装完毕，验收合格后方可使用。在使用期间要做到定期检查，按照周期进行保养。避免因三相交流异步电动机的接触触头损坏严重，而造成三相交流异步电动机缺相短路运行。

（3）三相交流异步电动机本身质量不好。线圈绕组焊接工艺不达标，引线和线圈接触不良；电气元件质量不合格，耐压性能达不到标准，造成触点损坏、粘死等异常现象。因此，三相交流异步电动机在购置时应选择正规厂家、正规品牌、质量有保证的电动机；选择合格、合适的元器件，安装前应该进行认真检查、仔细核对、对号入座，从而有效提高三相交流异步电动机的工作效率和使用价值。

三、三相交流异步电动机安全保护措施

为了确保三相交流异步电动机安全运行，延长使用寿命，三相交流异步电动机的安全保护措施一般分为机械保护措施和电气保护措施。机械保护措施主要是指三相交流异步电动机运行时对轴承、风叶等的保护，做到多听运行声音，多观察运行情况，对

轴承、风叶进行定期保养，就会使三相交流异步电动机最大限度地延长使用寿命。三相交流异步电动机本身和电气设施安全保护措施主要有短路保护、过负荷保护、缺相保护、欠电压保护和失压保护、接零和接地保护。

(一) 短路保护

为了防止三相交流异步电动机线路、绕组、控制电气等某绝缘部位受外力或其他原因导致损坏设置的保护措施。三相交流异步电动机发生短路故障时，如果不能自动快速得到保护，迅速切断电源，将会立即出现很大的短路电流，发生电动机烧毁事故。在发生短路故障时，保护措施必须迅速切断电源。通常短路保护设施是由熔断器和自动空气断路器来完成。熔断器和自动空气断路器串联在被保护的电路中，当电路出现短路时，很大的短路电流流过熔体时，熔体会立即熔断，切断该相供电电源。但是熔断体在熔断时并不能三相全部熔断，所以会造成三相交流异步电动机缺相运行。此时三相交流异步电动机至少有一相实际电流远超出电动机额定电流，而此时自动空气断路器会立即自动将三相电源同时断开，使三相交流异步电动机停止，完成电动机的短路保护。

(二) 过负荷保护

三相交流异步电动机过负荷运行特点就是会出现较大工作电流。三相交流异步电动机如遇到轴承磨损严重，外在阻力加大，负载加重，缺相运行时都会使三相交流异步电动机的实际工作电流超过允许的最大工作电流值，此时电动机本身绝缘和电气部分绝缘均会受到伤害，此时工作电流越大，电动机抗损能力越小，时间越短，三相交流异步电动机损坏就越严重。为了避免电动机过载超负荷运行，常使用过载保护器、热继电器和断路器对三相交流异步电动机进行保护。当电动机出现实际工作电流较大时，热继电器在很短时间内就会切断电源，电动机超负荷（就是大电流）运行保护措施完成。

（三）缺相保护

三相交流异步电动机缺相运行分为以下几种：一是三相交流异步电动机外部电源线或电气某环节出现异常造成一相或两相缺相；二是三相交流异步电动机内部定子或转子某部位出现异常造成一相或两相缺相。无论哪种情况，都会使三相交流异步电动机三相工作电压迅速失去平衡，至少有一项电流会快速增大，导致三相交流异步电动机受损或烧毁。保护措施一般选用三级热继电器和自动空气断路器就可以迅速切断电源，使电动机停机而达到保护目的。

（四）失压保护和欠电压保护

失压保护是为了防止因人为或非人为原因导致的停电，当电源恢复后，阻止电动机再次自行启动的一种保护措施。欠压保护是为了避免某种原因导致电源电压降低过多，而出现实际工作电流过大，危害电动机安全所采取的保护措施。失压保护和欠压保护（小功率电动机），一般采用低电压继电器自行释放，即可自动完成保护功能。

（五）接地保护和接零保护

在电源中性点不接地的供电系统（380V 三相四线制供电系

统）中，接地保护是指三相交流异步电动机本身和其配套设施不应该带电的部位与接地装置牢靠地连接在一起，防止人身伤害的一种保护措施。在供电系统中如果不采取该保护措施，三相交流异步电动机本身和其配套设施因带电部分绝缘损坏导致不该带电的部位带电。当人体接触该部位时，接地电流会从人体通过，给人们带来生命危险。采用接地保护措施后，接地电流沿着接地体和人体两条途径同时流过，由于人体与接地体是并联关系，每条路径流过电流与本身电阻呈反比关系，因为人体电阻比接地体电阻大很多，所以经过人体的电流很小。潮湿的地方有必要及时采取重复接地保护措施，从而避免触电伤害。在中性点接地系统（三相五线制供电系统）中为预防其他原因导致电动机自身和其他配套设施非带电部位出现危险电压，应该根据电力有关规定，采取保护接地和接零保护措施，以保障人身和设备的安全。

四、三相交流异步电动机线路和其配套保护电气的选择

（1）可由热继电器、接触继电器和带有灵敏度较高瞬间保护的自动空气断路器组成。接触器用来启动、停止三相交流异步电动机，热继电器用来保护电动机的超载过负荷，带有较高灵敏度瞬间保护的自动空气断路器保护电动机的短路故障。

（2）可由热继电器、接触器和熔断器（FS）组成并实施。热继电器保护电动机过载，接触器用来停止和启动三相交流异步电动机，熔断器是用来避免三相交流异步电动机短路故障的。

（3）可由保护性自动空气断路器组成，电动机自动空气断路器既用作电动机启动和停止，又可用作确保电动机过载和短路故障产生的大电流保护。

（4）可由接触器和保护型断路器组成。接触器作为电动机的

启动和停止使用，电动机保护性自动空气断路器作为电动机的过载和短路故障保护措施。

工作经验结论：第一、第二种适合频繁启动、停止的三相交流异步电动机的保护措施使用，但是不经济，适用于地下车库污水泵、食堂和面机等三相交流异步电动机保护。

第三种只能适用于不频繁启动、停止的三相交流异步电动机，适合绿化抗旱水泵、垃圾场垃圾起吊箱等场合使用的三相交流异步电动机的保护，并且第三种最经济但是安全程度不高。第四种适用于不经常不频繁启用的三相交流异步电动机保护措施使用，适用于自动伸缩门、电动升降机等三相交流异步电动机的保护①。

工作实践证明，规范化、科学化、合理地选用和使用三相交流异步电动机可以提高生产效率，获取经济效益。在运行中对三相交流异步电动机科学化运行、规范化管理、定期维护保养、安全保护措施落实到位，使三相交流异步电动机始终处于理想化的工作状态，对延长电动机使用寿命、提高工作效率和经济效益是非常有必要的。三相交流异步电动机安全保护措施是一个在实际工作中亟待解决的现实问题。目前市场已开发了智能型塑壳式断路器，更有科技含量较高的新型三相电动机综合保护器研发问世，如果能早日投入应用，则对三相交流异步电动机延长使用寿命、提高经济效益和工作价值起到保障作用。

---

① 张丽丽．三相交流异步电动机工作原理的分析技巧研究 [J]. 无线互联科技，2019，16(11)：66-67.

结束语

随着我国科学技术的快速发展，社会各领域也出现了一系列新兴科学，电工电子技术作为对社会生产生活影响越来越深的一项新兴技术，也受到了来自社会各界的极大关注。近些年来，电工电子技术的发展日益成熟，在很大程度上推动着我国科学技术的快速发展。目前，电工电子技术被广泛应用于多领域，电工电子技术多领域的广泛应用如下。

（一）电气领域

利益最大化是当今所有企业的经营重点，各企业也纷纷将如何提高经济效益摆在企业发展的首位，而加强对电气设备的运用则成为一项重要手段。但由于电气设备有多种多样的型号，且价格差异较大，质量、使用方法也不尽相同，这些因素都在一定程度上影响着电气设备的使用和维修。因而，企业在日常经营过程中，必须有效地进行电气设备的成本管控，并做好设备的定期检查和运行状况实时监控。这样可以有效避免电气设备发生故障，降低维修成本，进而提高企业经济效益。

（二）电力领域

电工电子技术在电力领域的运用范围较广，主要包括以下两方面。

(1) 将电工电子技术运用于高压直流输电系统，能够在一定程度上简化系统中各设备的结构，不但能够有效降低成本，而且能使换流站的占地面积减小。除此之外，有了电工电子技术的辅助，电流的输出将更加稳定可靠。

(2) 将电工电子技术运用于柔性交流输电系统，能够极大地维护该系统运行的高效性和稳定性。

(三) 通信领域

对于电工电子技术的应用，使得通信领域也取得了显著的成绩，无线通信技术也日益成熟。电工电子技术作为推动通信技术发展创新的重要基础和保障，一旦失去这项技术的支持，通信领域将止步不前。比如，科学地运用电工电子技术，将电子芯片应用于汽车制造，不但使汽车具备了自动驾驶功能，而且实现了全球定位，极大地推动了汽车行业的发展和创新。

(四) 紧急供电

确保紧急供电的安全性，是维护电力系统自动化运行稳定的重要基础。而对于通信企业、网络运行企业等而言，一旦发生供电中断，不但会造成重大经济损失，还会造成严重、负面的社会影响，因此，紧急供电也成为企业必备的高性能电源。将电工电子技术运用于紧急供电中，对于提升供电稳定性、安全性和可靠性意义重大，能够有效维护 USP 紧急供电的正常使用。

综上所述，电工电子技术在社会各领域都有着广泛的运用，尤其是在电气、电力、通信、供电等领域，极大地提升了企业的作业效率。但我国对于电工电子技术的开发和运用尚存在较大提升空间，相关科技人员必须加强对该项技术的研究，并借鉴西方发达国家的成熟经验，充分结合我国现状，有效改进电工电子技术，以此推动我国各领域工作效率的提高，加速行业发展。

参考文献

[1] 王智德，袁景玉，刘晓健，张楚．基于 Kinect 体感动作识别的室内照明自主控制系统 [J]. 现代电子技术，2021，44(14)：143-146.

[2] 单承黎，吴越．基于非视觉效应的住宅室内照明设计 [J]. 四川建筑科学研究，2021，47(03)：99-105.

[3] 王伟．住宅空间中照明工程的常见问题与解决方略 [J]. 包头职业技术学院学报，2021，22(02)：9-12，29.

[4] 南莉，杨凯转，张一帆．室内照明白色发光二极管对大鼠视网膜的影响 [J]. 山东大学学报（医学版），2021，59(04)：56-62，69.

[5] 徐华，王海量，王磊，刘力红，杨莉，卢朝建．多功能室内智慧照明技术发展与实践探讨 [J]. 智能建筑电气技术，2021，15(02)：55-59.

[6] 杨志豪，郭盈希，蒋小良．室内照明用 LED 产品能效强制性标准认证 [J]. 灯与照明，2021，45(01)：58-60.

[7] 谢顺，梅丽芳，严东兵，闫哲，王九龙，殷伟．汽车电子元件引脚表面镀层的激光清洗试验研究 [J]. 机电技术，2021(01)：35-38，47.

[8] 孙鹤源，张鸣杰．室内照明用 LED 产品能源效率标识实施规则解读与分析 [J]. 中国照明电器，2021(01)：43-47.

[9] 赵东敏 . 探析现代电子技术与计算机的应用 [J]. 计算机产品与流通，2020(11)：30，34.

[10] 侯涛 . 室内供配电线路及用电设备保护微探 [J]. 现代农机，2020(04)：47-48.

[11] 欧阳宏志，谢勇，邓捷 . 从电子滤波器看元件的非理想性质 [J]. 电气电子教学学报，2020，42(03)：71-73，147.

[12] 敬舒奇，魏东，王旭，李宝华 . 室内 LED 照明控制策略与技术研究进展 [J]. 建筑科学，2020，36(06)：136-146.

[13] 刘玉龙，黎俊，刘宏欣，江铖，李奕 . 室内照明统一眩光值（UGR）校准装置的研制 [J]. 计测技术，2020，40(02)：48-53.

[14] 鲁涛，薛龙飞 . 一种智能室内照明系统的控制方法及装置研究 [J]. 科学技术创新，2020(09)：88-89.

[15] 陆建霞 . 试论室内空间的照明设计 [J]. 居舍，2020(01)：21+5.

[16] 李文海 . 变压器、电感器的磁性材料介绍与选用原则 [J]. 科技与创新，2019(24)：98-100.

[17] 杨春梅 . 高频高压状态下电感器的设计方法 [J]. 中国新通信，2019，21(22)：122.

[18] 付文沛 . 分析室内供配电线路用电设备及配电线路的保护 [J]. 建材与装饰，2019(31)：245-246.

[19] 柳应全，鲁军勇，龙鑫林，魏静波，周仁 . 储能系统电感器两端并联 RD 电路性能研究 [J]. 海军工程大学学报，2019，31(05)：12-17.

[20] 黄海锋 . 印制电路工艺技术的进步 [J]. 计算机产品与流通，2019(10)：89.

[21] 王东，王上衡，吴猛雄，朱建华，陆松杰，陈宏涛 . 电感器漆包线热压焊界面可靠性分析 [J]. 磁性材料及器件，2019，50(05)：18-22.

[22] 郝临茹 . 分析室内供配电线路用电设备及配电线路的保护 [J]. 居业，2019(04)：86.

[23] 苏叶，林晓敏，梅超，谢林 . 锡焊工艺中的呼吸危害因素及防护装备 [J]. 中国个体防护装备，2019 (02)：38-42.

[24] 王志伟，周鑫，王邦国，张少丹 . 电感器及自动绕线设备研发技术研究 [J]. 内燃机与配件，2019(07)：56-58.

[25] 孟昭辉 . 我国锡焊料材料发展现状与展望 [J]. 中国金属通报，2018(02)：10-11.

[26] 彭号召 . 电子焊接技术 [J]. 教育现代化，2016，3 (05)：232-234.

[27] 葛庆方 . 室内供配电要求及配电方式 [J]. 民营科技，2014(02)：65.

[28] 王振军 . 室内供配电线路用电设备及配电线路的保护 [J]. 科技与企业，2013(11)：373.

[29] 朱保华 . 室内供配电线路用电设备及配电线路的保护 [J]. 科技传播，2010(19)：161.

[30] 谢宇，黄其祥主编 . 电工电子技术 [M]. 北京：北京理工大学出版社，2019.

[31] 孙君曼，方洁主编；刘娜，王英聪副主编 . 电工电子技术 [M]. 北京：北京航空航天大学出版社，2019.

[32] 李英，陈祥光，赫永霞 . 电工电子技术 [M]. 大连：大连海事大学出版社，2018.

[33] 邹明亮主编；闫淑梅，刘铁祥副主编；晏政，闫淑梅，刘铁祥，邹明亮编；方晖主审 . 电工电子技术 [M]. 西安：西北工业大学出版社，2016.

[34] 山屹，刘海霞主编 . 电工电子技术与应用 [M]. 北京：中国科学技术出版社，2010.

[35] 卢军锋主编；范凯，李永琳副主编 . 电工电子技术及应用 [M]. 西安：西安电子科技大学出版社，2017.

[36] 赵宗友，高寒主编；邬明录，宁玲玲，张娟副主编；魏长燕参编 . 电工电子技术及应用 [M]. 北京：北京理工大学出版社，2016.

[37] 寇志伟主编 . 电工电子技术应用与实践 [M]. 北京：北京理工大学出版社，2017.

[38] 程珍珍主编；许国强，马卫超，唐明涛副主编 . 电工电子技术及应用 [M]. 北京：北京理工大学出版社，2015.

[39] 杨达飞，覃日强主编 . 电工电子技术应用 [M]. 北京：北京理工大学出版社 .2011.

[40] 滕勇，赵卉 . 三相异步交流电动机电流不平衡报警保护电路的设计 [J]. 电工技术，2020(16)：143-144.

[41] 刘金虎，林靖，刘月鸿 . 三相交流异步电动机多地控制电路设计与安装调试 [J]. 南方农机，2020，51（10）：138.

[42] 张丽丽 . 三相交流异步电动机工作原理的分析技巧研究 [J]. 无线互联科技，2019，16(11)：66-67.